ジェイ・エリオット
&
ウィリアム・L・サイモン 著
中山宥 訳

ジョブズ・ウェイ

世界を変える
リーダーシップ

SoftBank Creative

ジョブズ・ウェイ

世界を変えるリーダーシップ

THE STEVE JOBS WAY
iLEADERSHIP FOR A NEW GENERATION

by Jay Elliot
with William L. Simon

Original English language edition published by Vanguard Press,
division of The Perseus Group.
Japanese translation rights arranged with Waterside Productions, Inc.
on behalf of Jay Elliot & William L. Simon through Japan UNI Agency, Inc., Tokyo.

深い愛情で支えてくれた妻のリリアナ、
息子のジェイ＝アレグザンダーとフェデリコへ

さらに、アラインン、ビクトリア、シャーロット、
孫たちのビンセント、エレナ、シェルダンにも本書を捧ぐ

ジョブズ・ウェイ——世界を変えるリーダーシップ

目次

はしがき

人生には、このうえなく素晴らしい出来事が続くこともある。前もって念入りに計画しても、こんな薔薇色の毎日は考えられなかったと思うくらいに……。

映画、テレビ、音楽、ファッションなど、きらびやかと形容される業界であっても、いうまでもなく、傍目《はため》からそう見えるだけにすぎない。現実に業界内で働く人々は、たえず、難しい課題やストレスにさらされている。

それに対し、ハイテク業界を「きらびやか」ととらえる人は少ないだろうが、わたしの場合、スティーブ・ジョブズの身近で過ごした日々こそが、どんなときよりも輝いていた。胸躍る、夢のような時間だった。

わたしは以前、ＩＢＭやインテルの有名な企業リーダーたちのもとで働いた経験がある。また、ジャック・ウェルチ、バックミンスター・フラー、ジョーゼフ・キャンベルなど、すぐれた指導者や思想家にも会った。組織構造のあらたな変化をめぐって、ジョン・ドラッカーと議論を交わしたこともある。

しかしやはり、スティーブ・ジョブズは別格だ。

ビジネス系の大手新聞・雑誌は何かと意見が噛《か》み合わないものだが、スティーブ・ジョブズの評価に関しては一致している。実業界の歴史上きわめて傑出した企業の、みごとな牽引力である、と。とうてい不可能に思えるような事柄を、日夜、成し遂げている。

スティーブはいったいどんなユニークな経営術を駆使して、世界中のこれほど多くの人々に便利さと迅速さと楽しさをもたらしているのだろうか。この疑問を、わたしは本書で解き明かしていきたいと思う。

重要なのは、組織の枠組みをどう変えるかではない。みずからの組織をどう自分に合わせて変えていくかだ。本書で明らかにするスティーブ流のリーダーシップ――いわば「iリーダーシップ」――の原則は、みなさんのさまざまなビジネスに応用できる大切な要素を含んでいる。製品やサービス、組織内のメンバーやチーム、組織そのもののありかた、企業戦略とターゲット顧客とを結ぶ革新性など、多くの点が参考になるだろう。スティーブは、時流の変化をくみとりながら、巨大な組織をまるで小さな新進企業のように操っていく。おそらく、ある種のリーダー像として、理想的なお手本だろう。

本書にしるす知恵の中には、いざ実行となると困難や不安が伴うものもあるはずだ。いままで慣れ親しんできた発想を捨てなければいけない。だが、この先のページにちりばめられた「iリーダーシップ」の原則を実践する勇気があれば、あなたのビジネスも人生も、よりよい方向へ変わっていくにちがいない。

ジェイ・エリオット

序章

その日、わたしは椅子にすわってレストランの順番待ちをしていた。人生の転機を迎えるには、まったく不似合いな場所だ。

開いた新聞の経済欄に、新興企業のイーグル・コンピュータが痛ましい末路を迎えたと、トップ記事で報じられていた。すぐそばで、やはり順番待ちの最中の若い男がひとり、たまたま同じ記事を読んでいた。自然な成りゆきで会話が生まれて、わたしは、この記事が自分には大問題なのだと彼に打ち明けた。つい少し前、わたしは上司——インテルのアンディ・グローブ社長——に辞意を伝えたばかりで、それは何を隠そう、このイーグル・コンピュータに転職するためだったからだ。ちょうど株式公開の直前というタイミングだった。

晴れて上場の当日、同社のCEO（最高経営責任者）はあっという間に億万長者になって、共同創立者たちと祝杯を上げに出かけた。そのあと車の販売店へ直行し、フェラーリを買って、喜びいさんで試乗に出かけ……事故を起こした。CEOは死亡。会社も息絶え、インテルを辞めてわたしが就くはずだった仕事は、何もしないうちに消えてしまった。

いきさつを聞き終えた若者が、わたしの経歴をたずね始めた。ふたりの外見は、じつに対照的だった。若者はヒッピーふうで二十歳を少し過ぎたあたり、ジーンズにスニーカーという服装。向こうの目に映ったわたしのほうの姿は、四十代で、身長百九十五センチのがっちり型、いかにもビジネスマンらしくスーツを着てネクタイを締めていた。外見でかろうじて共通点を挙げるなら、そのころ、ともに顎《あご》ひげを生やしていたことくらいだろう。

けれども、話し始めてまもなく、おたがいコンピュータに対して熱い思いを抱いているのがわかった。若者は血気さかんで活力に満ちあふれていた。わたしが以前、ＩＢＭのテクノロジー部門で幹部を務めていたものの、新しいアイデアの採用をためらう企業体質に嫌気が差して辞めてしまった、と打ち明けたとたん、表情を輝かせた。

若者は、アップル・コンピュータの会長、スティーブ・ジョブズと名乗った。アップルについてほとんど知らなかったわたしは驚いた。こんな若者がコンピュータ企業のトップに立っているのか……。

続いて、まったく意外な展開になった。その若者が、うちで働かないかと誘ってきたのだ。「わたしは高給取りだから、雇うなんて無理でしょう」。ひとまず、そうこたえた。しかし当時、スティーブは二十四歳。その年のもう少しあと、アップルの株式公開にともなって、およそ二億五千万ドルの資産を持つことになる。ジョブズもアップルも、高給取りをひとり雇う余裕くらい、じゅうぶんにあった。

二週間後の金曜日、わたしはアップルで働き始めた。基本給だけでも、インテルに在籍していたころより若干高く、ストックオプション（自社株の購入権）はもちろんはるかに多かった。転職にあたり、アンディ・グローブから、こんな送別のメッセージをもらった。「きみは大きな間違いを犯そうとしている――アップルに未来はない」

スティーブは、寸前まで情報を伏せておいて、人をびっくりさせたがる。相手の意表を突き、多少とも自分のペースに巻き込もうとする手口なのかもしれない。わたしの出勤の初日、仕事が終わって、雑談しながら親交を深めているうちに、ふいにスティーブがこう言いだした。「あした、十時にここで待ち合わせて、ドライブに行こう。見せたいものがある」。わたしは何の話かさっぱりわからず、何か心構えが必要なのだろうかととまどった。

あくる土曜日の朝、スティーブのメルセデスに乗って、ドライブに出た。カーオーディオから、ポリスとビートルズの曲が、耳を聾《ろう》するような大音響で鳴り響いていた。どこへ向かっているかは、あいかわらず教えてくれない。

スティーブが車をとめたのは、ゼロックス・パロアルト研究所（ＰＡＲＣ）の駐車場だった。わたしたちは、驚くべき最新コンピュータ機器が並ぶ部屋へ案内された。すでに一カ月前、スティーブはアップルのエンジニアたちを引き連れてここを訪れたという。けれども、ここで目撃した興味深いアイデアをはたしてパーソナルコンピュータに活かせるかどうか、意見がまだ割れているとのことだった。

今回、ふたたび訪れたスティーブは、興奮しきったようすだった。異常なほど素晴らしいものを見ると、声色を変える癖があるのだが、その日がまさにそうだった。目の前に、将来「マウス」と呼ばれるようになる装置の原型に加えて、文字や数字だけでなく画像まで表示できるプリンタおよびディスプレイ、マウスで選択可能なメニュー項目などがあった。のちにスティーブは、PARCの見学が啓示的だったと述べている。コンピュータの未来はこれだ、と直感したのだ。

PARCが開発中だったその製品は、エンタープライズ（規模の大きな法人）向けのマシン、つまりIBMと競合するようなメインフレーム・コンピュータで、価格は一万から二万ドルの予定だった。しかし、スティーブの目に映っていたのは、まったく別のもの――ごく一般の誰もが使えるコンピュータだった。

スティーブは、コンピュータの技術面にだけ目を奪われていたわけではない。まるで、中世イタリアの少年が、男子修道院に入ってイエスを見いだしたかのように、「ユーザー・フレンドリー（みんなが簡単に使える）」という大切な教えを発見したわけだ。もしかすると、前々から満たされない気持ちがあって、それを埋めてくれるものにようやくめぐり合えた、といった感じかもしれない。究極の一般消費者の視点から、理想的な製品を夢に思い描くうちに、偶然、輝かしい未来へ続くすてきな道を見つけた。

もちろん、平坦な道ではない。後日、道を進む途中で、スティーブはひどく高い代償を払い、命取り寸前の失敗をなんども犯した。たいがいの場合、「自分はぜったい間違っていない」と信じ込んだことが原因だ。かたくなに自信を崩さず、「おとなしく従うか、でなければ去れ」という二択を周囲の人々に迫った。

だが、側近になったばかりのそのとき、わたしはもっと違う側面を強く感じた。可能性の広がりに対して、なんとまあオープンな態度を示す人物だろう、と。新しいアイデアを見いだし、価値を認め、喜んで受け入れて、おおいに胸を高鳴らせる。しかも、スティーブの抱く情熱は伝染しやすい。これからつくる製品をどんな人々に利用してほしいか、その対象層の好みや考えかたをよく知っている。なにしろ、当の本人も対象層の一員だからだ。将来の顧客と同じ思考回路を持っているだけに、有望なアイデアを見かけたときにはすぐ気がつく。

その後、付き合いが長くなるにつれて、わたしは、スティーブの驚くべき聡明さ、あふれ出る熱意、将来構想に突き動かされた言動をまのあたりにする。おまけに、信じがたいほど若さに満ち、激しいほどに衝動的だ。

一方、スティーブはわたしをどう見ていたのだろう？　おそらく、わたしと出会って、長いあいだ欲しかったものをやっと手に入れたような気分だったと思う。企業社会にしっかりと根を下ろした年上の人間が、ようやく身辺を固めたのだから。わたしの新しい肩書きは「アップル・コンピュータ上級副社長」だったが、じつをいえば、スティーブの相棒、よき助言者、補佐役という立場での非公式な仕事がおもだった（わたしは四十四歳だった）。やがてスティーブは、周囲に向かってこう言うようになる。「四十歳を越えた人間は信用するな。ただしジェイは例外だ」

技術者ではないにもかかわらず、スティーブは、自分自身の手で製品を生み出したくてたまらない。アップルのごく初期のコンピュータにしても、実際につくっていたのは相棒のウォズニアックで、スティーブは宣伝や交渉を受け持っていたにすぎないが、それでもスティーブは、マシンに何か痕跡を刻み、みずからの先見の明を示したくてしかたなかった。アップルが「Ｌｉｓａ《リサ》」を開発したときなどは、スティーブがあまりにも一方的に製品構想を押しつけたせいで、エンジニアたちはへそを曲げてしまい、「それがすごくいいアイデアだと思うなら、ご自分でつくってください」などと文句を言い続けていた。

たしかにスティーブは魔法の水晶玉など持っていないから、度肝を抜く画期的な製品ばかり次々に生み出せたわけではない。また、一連の事の成り行きを、いちいち立ち止まって反省するようなタイプではない（当人が気にしなくても、世間からの信頼は自然にあとからついてきた）。

しかし、そういった彼の性格上の問題点よりもまず、可能性の広がりに対するオープンな態度や、新しいアイデアの価値を認め、進んで受け入れようと興奮する姿に、わたしはひどく感心した。

スティーブがＰＡＲＣで天啓に打たれたことは、のちに、テクノロジーの歴史上、屈指の有名な出来事として、さかんに語り継がれていく。このＰＡＲＣ見学を出発点にして、スティーブ・ジョブズは世界を変えようと立ち上がる。

そして実際、世界を変えた。

第一部　皇帝

1　製品にかける情熱

世の中には、人生の道筋を慎重に選ぶ者もいれば、強引に突き進む者もいる。かと思うと、まったく偶然に、一生涯の使命とめぐり合う者もいる。

スティーブ・ジョブズ——正式名スティーブン・ポール・ジョブズ——の場合、製品の開発過程すべてを取り仕切る、いわば「製品開発の皇帝《プロダクト・ツァー》」になるつもりではなかった。もし、出会った当初にわたしがそんなニックネームで呼んだら、本人は何のことやらと首をかしげただろう。いや、笑いだしたかもしれない。

わたし自身も、初めのうち、スティーブにそのような「皇帝」になる素質が潜んでいるとは気づかなかった。愛情豊かな養父母のポールとクララにしても、そんなことは見抜けなかった。スティーブは、学生時代にはずいぶん親を心配させたらしい。手に負えない不良少年で、本人いわく、刑務所に入れられてもおかしくなかった。

そういう人物が、やがて世界トップクラスの企業経営者になり、卓越した製品を生み出しているのだと考えると、不思議でもあるし、感慨深い。もっとも、わたしがスティーブのそばで働き始めたときには、すでに強い意志と闘志を備えていた。また、わたしがじかに知るほかの優秀なリーダーと同じように、理不尽とさえ呼べそうなほど、特定の事柄にこだわりを持っていた。それこそが、世界をよりよい場所に変えたといっていい。スティーブのこだわりとは、製品への情熱――製品の完璧さに注ぎ込む情熱だ。

そのこだわりが、どんなかたちをとっているのだろうか。いたって単純、スティーブは「世界一の偉大なる消費者」なのだ。アップルに入社した一日目から、わたしはそう痛感させられた。スティーブは「Ｍａｃｉｎｔｏｓｈ《マッキントッシュ》」に「ごく普通の人々のためのコンピュータ」という命を吹き込んだ。自分の音楽好き、どこへでも音楽を連れていきたいという気持ちを原点にして、「ｉＴｕｎｅｓストア」と「ｉＰｏｄ」をつくりあげた。携帯電話の便利さはありがたいけれど、既存の製品の重さ、やぼったさ、醜さ、使いにくさが気に入らないと感じて、不満をばねに「ｉＰｈｏｎｅ」を完成させた。

スティーブは、みずからの熱い気持ちに忠実に従うことで、生き残り、成功し、社会を変えている。

パロアルト研究所（ＰＡＲＣ）を訪れた週のあいだじゅう、強烈な体験がわたしの脳裏から離れなかった。二時間の出来事のあらゆる細部が、頭の中で再生され続けていた。何かとてつもないものを目にしたと気づいていた。スティーブの興奮ぶりはすさまじく、とめどない情熱に満ちあふれていた。むきだしの熱意、アイデアに対するときめき。燃えたぎったスティーブの心の中では、すでに具体的な製品への意識が芽生えつつあった。ＰＡＲＣにいる最中や帰り道での会話の端々から、二つの事実が明らかだ。まず第一に、この時点でスティーブは早くも、コンピュータの威力がいずれ人々の暮らしを変えるだろうと見抜いていたこと。第二に、そのような革新につながるコンセプトをとうとう探し当てた、と感じていたこと。スティーブはとりわけ、画面上の「カーソル」を手の動きであやつれるというアイデアに惚《ほ》れ込んだ。ほんの零コンマ何秒かで、大きな利点を察知し、コンピュータ利用の将来を悟ったのだ。

ＰＡＲＣの技術力もたいしたものだが、そこで働いているスタッフも素晴らしかった。逆にＰＡＲＣ側も、アップルの面々に脱帽していた。ＰＡＲＣの研究員だったラリー・テスラーは、スティーブが部下たちを連れて訪問したときの思い出を、数年後、ジャーナリストのジェフリー・ヤングにこう語っている。

「わたしはそれまでゼロックスに七年間いたのですが、過去いちども耳にしたことのない鋭い質問をアップルの人たちがぶつけてきたので、感心しました。ほかの誰ひとり――ゼロックスの従業員も、訪問客も、大学の教授も、学生も――あれほどすぐれた質問はしてきませんでした。きっと、意味合いを完全に理解し、裏の裏まで把握していたにちがいありません。その他の人々は、デモンストレーションを見ても、細部までは気にしていませんでした。細部とは、たとえば、ウインドウのタイトルバーになぜ模様を入れてあるのか、ポップアップメニューはどうしてこういう表示なのか、などです」

すっかり敬服したテスラーは、まもなくＰＡＲＣを辞めてアップルに入社し、副社長の肩書きを得て、アップル初の主任研究員に就任した。

ＩＢＭに在籍していた十年間、わたしはおおぜいの優秀な研究者と接してきたが、彼らは並外れた開発作業をおこなっていながら、成果を会社側に採用してもらえるケースがめったになく、多くが不満を抱えていた。ＰＡＲＣも、同じように欲求不満のくすぶる臭いが漂っていて、離職率が二十五パーセントと、業界内できわめて高い数字なのも当然だった。

わたしがアップルに入ったころ、社内は熱気を帯びていた。ある開発グループが、画期的なコンピュータの完成をめざしていたからだ。その製品はやがて「Ｌｉｓａ《リサ》」と命名される。従来の「ＡｐｐｌｅⅡ《ツー》」コンピュータとは技術が根本から異なり、ＰＡＲＣと似た斬新なコンセプトを採用していたから、これを発売すれば、会社全体としてまったく新しい方向へ踏み出すことになりそうだった。Ｌｉｓａで既成の枠を打ち破って、「宇宙をがつんと一つ、へこませてやる」とスティーブは言った。こういう表現には感服せずにいられない。以来、今日にいたるまで、この言葉がわたしの心を刺激し続けている。自分が情熱で燃え上がっていなければ――さらには、その事実を全員に知らせなければ――部下を燃え上がらせることはできない。そう思い出させてくれる名言だ。

Ｌｉｓａの開発は二年前から始まっていたものの、遠慮してはいられない。ＰＡＲＣで目撃した技術が世界を変えると信じるからには、Ｌｉｓａを新しい路線で全面的に刷新する必要があった。スティーブはＬｉｓａ開発チームを説き伏せて、ＰＡＲＣで目にしたアイデアを採り入れさせようとした。「方向転換しなきゃいけない」と言い張った。だが、エンジニアやプログラマーは、もうひとりの創業者、スティーブ・ウォズニアックを信奉していて、スティーブ・ジョブズの号令では急転換したがらなかった。

当時、アップルは暴走列車に近い状態だった。おおぜいを乗せて猛スピードで突き進んでいたものの、じつは運転席には誰もすわっていない。設立わずか四年にもかかわらず、アップルの年間の純売上高はおよそ三億ドルだった。しかし、創業者のひとりであるスティーブは、初期の影響力を失っていた。当初は「ふたりのスティーブ」の二人三脚で、スティーブ・ウォズニアックが技術面を、スティーブ・ジョブズがその他すべてを受け持ったが、その後、ＣＥＯが去り、ベンチャー投資家のマイク・マークラが暫定ＣＥＯを、マイケル・スコットが社長を務めるようになった。ふたりともかなりの腕利きとはいえ、活気あふれるテクノロジー企業の経営者には向いていなかった。わたしの印象をいえば、第二株主だったマイク・マークラは、急成長を遂げるハイテク業界であわただしく日常業務を仕切るより、優雅な隠退生活を送るほうに関心があるようすだった。トップに立つふたりとも、スティーブの言うような変更を加えてＬｉｓａの発売が遅れることは好ましくない、と考えた。ただでさえ、プロジェクトは予定より遅れている。これまでの成果を捨てて新しい路線をめざすわけにはいかない、と。

Ｌｉｓａチームや最高幹部に無理やり要求をのませるため、スティーブは計画を練っていた。自分が新製品開発担当の副社長という座におさまれば、Ｌｉｓａチームを監督する立場になれて、思いどおりに方向転換を命じることができる。

ところが、その後おこなわれた組織再編の際、スティーブにあらたに与えられた地位は「会長」だった。間近に迫っている株式公開の際、スティーブを会社の顔としておもてに出したいから、というのが理由だ。カリスマ的な二十五歳の若者がスポークスマンの役目を務めることで、株価はいっそう急上昇し、きみだってますます金持ちになれると説得された。

スティーブはひどく傷ついた。事前に何の通知も相談もなしに職を押しつけられて、気分が悪かった。自分が設立した会社なのに！　しかも、Ｌｉｓａとの直接のかかわりを失ってしまい、かなりの焦りを覚えた。腹が立ってしかたない。

痛手はそれだけではなかった。Ｌｉｓａチームの新しいリーダー、ジョン・カウチから、作業中の現場に来てエンジニアに無理難題を吹っかけるのはやめてほしいと通告を受けた。離れたところから、指をくわえて見ていろ、といわんばかりだった。

原因は、スティーブが「ノー」という単語を聞き入れないことにあった。「できない」「やってはいけない」といった言葉には耳を貸そうとしない。

大地を揺るがすほどの製品の構想が思い浮かんでいるのに、会社側が興味を示してくれない場合、あなたならどうするだろうか。

スティーブは、目的意識を研ぎすませた。おもちゃを奪われた子供のように駄々をこねたりせず、固い決意を持ちながら耐えた。自分がつくった会社で、「口を出すな」と命令される――初めて味わう屈辱だった。いや、そんな目に遭う人間はめったにいないだろう。しかし腐ることなく、スティーブはわたしを連れて取締役会に出席し、毎回、会長としてみごとに場を仕切った。もっと年長で聡明で経験豊かな企業幹部がテーブルを囲むなか、知識の面ではスティーブが圧倒していた。アップルの財務状態、利益率、資金繰り、さまざまな市場分野や地域ごとのＡｐｐｌｅ Ⅱの売上高、そのほかビジネスの細部にわたるまで、膨大なデータをぎっしりと頭に詰め込んであった。今日でこそ、スティーブは誰からも、ずば抜けたテクノロジー専門家、無類の製品クリエーターと評価されているが、じつはそれ以上に多くの才能にあふれており、しかも、ごく初期から非凡さを発揮していたのだ。

にもかかわらず、アイデアを提案し、新製品に磨きをかけるという役割に関しては、剥奪されたも同然だった。未来のコンピュータが脳の中で明確なかたちをとって脈打っているのに、現実のものにする手だてがない。Ｌｉｓａへのドアは、鼻先でぴしゃりと閉められ、厳重に鍵をかけられてしまった。

さて、どうする？

そのころのアップルは、資金が豊富だった。ＡｐｐｌｅⅡが大人気を博したため、銀行に数百万ドルあった。金銭的な余裕のおかげで、創造力に満ちた小さなプロジェクトが社内のあちこちで生まれた。こうして内部が活気づいていれば、どんな会社も勢いが出る。かつてないまったく型破りな製品を生み出して新次元を切り開いてやろうと、従業員たちはみんな意気込んでいた。

働き始めた週からずっと、わたしはアップル社内にみなぎる情熱と意欲をたえず肌で感じた。誰もが積極的になっていた。こんな状況を思い浮かべてみてほしい。ふたりのエンジニアが廊下で出会う。片方が、しばらく前から温めているアイデアを打ち明ける。すると、聞いた側のエンジニアは「そりゃあ、すごい。さっそく何かやり始めたほうがいいぞ」と助言する。最初のエンジニアは、自分の持ち場へ戻って、すぐにチームを編成し、そのアイデアにもとづき、数カ月かけて開発作業をおこなう……。実際、当時のアップルではそんなことがいたるところで起こっていたにちがいない。ほとんどのプロジェクトは、最終的な成果に結びつかず、なんの収益の足しにもならなかったし、よそのグループと重複する内容も少なくなかった。けれども、たいした問題ではない。プロジェクトが豊富に生まれるという状況だけで、会社全体に前向きな効果がおよぶ。アップルは多額の現金をたくわえ、創造的なアイデアの数々ではちきれんばかりだった。

そんななか、あるプロジェクトが開発の初期段階にあった。Ｌｉｓａと競合する恐れがあるとみて、つい少し前までスティーブがつぶそうとしていたプロジェクトだ。スティーブはあらためて、進行状況を視察した。少人数のエンジニアが、テキサコ・ガソリンスタンドの近くにある通称「テキサコ・タワーズ」で開発にいそしんでいた。一般大衆向けの使いやすくて安価なコンピュータが目標で、とりかかってからまだ数カ月なのに、すでに試作品ができあがり、名前まで決まっていた――「Ｍａｃｉｎｔｏｓｈ」。社名にちなんだネーミングだった（名付け親はチームリーダーのジェフ・ラスキン。かつて大学の准教授だった頭脳明晰なラスキンは、大好きなリンゴの品種名からこの名前をとった。品種名とまったく同じ、ＭｃＩｎｔｏｓｈにするはずが、つづりを間違えたのではないか、と社内で長らくささやかれたものだ。しかしラスキンは後日、混乱を避けるため意図的につづりを変えたと説明している）。

いまやスティーブは、このプロジェクトをつぶす気などなくなっていた。いままでにないコンピュータ利用のアイデアをいわば伝道しようとしたにもかかわらず、Ｌｉｓａチームが耳を貸してくれなかったのにくらべ、Ｍａｃｉｎｔｏｓｈ、愛称Ｍａｃの開発チームは人数が少なく、スティーブと考えかたの似たコンピュータマニアが集まっているから、新しいアイデアを受け入れてくれるかもしれない。

アップルの創業者であり、会長であり、ハイテク業界全体の風雲児でもあるスティーブが、Ｍａｃ開発チームのもとを頻繁に訪れ始めたとき、チーム内の反応は賛否両論だった。スティーブの情熱や強い意志はいい刺激になったものの、あるメンバーが身内に送った文面にはこうしるされている。「どうやらスティーブは、ストレスと駆け引きと口論をもたらしているようだ」。たしかに、いつも上をめざす人間や未来を見つめる人間は、人付き合いの能力がやや欠けていたり、礼儀や愛想についてあまり気にかけなかったりする。

しかしいずれにしろ、開発チーム側に選択の余地はなかった。会長の職にあるスティーブは、やすやすとチームの主導権を握って、新しい人員を追加し始め、会議を開き、あらたな方向性を決めていった。チームリーダーのラスキンと最も意見が対立した点は、ユーザーがコンピュータにどうやって指示を出すかだった。ラスキンが、キーボードから命令（コマンド）を入力する方式にこだわったのに対し、スティーブは、もっとすぐれた方法があると考えていた。なんらかの操作機器を通じて、画面上のカーソルを動かすのだ。スティーブは開発チームに命じて、カーソルを操作するうえでいちばんふさわしい機器は何か、また、カーソルによってコマンドを実行する――たとえば、ファイルを開く、オプションの一覧を表示する――にはどんな方式が適しているかを模索させた。現在わたしたちが当たり前に使っているコンピュータの基本操作、すなわち、マウスでカーソルを動かす、クリックして選択する、ファイルやアイコンをドラッグするなどは、ＰＡＲＣが考案したアイデアをもとに、スティーブが不屈の意志力で開発チームを鍛えあげ、シンプルさ、デザインのよさ、直感性を追求した結果なのだ。

わたしに関していえば、スティーブは、本来の仕事のほかに、よき先輩、助言者としての役割を要望していた。とりわけ、実務や組織運営の面でアドバイスを欲しがった。Ｍａｃの開発にあたっても、肩書きなしのアドバイザーという役回りを割り振ってきた。つまりわたしは、正式な肩書きこそないものの、本格的なメンバーとしてチームに加わることになった。スティーブとほとんど毎日、相談を重ねたり、バンドリードライブ沿いを散歩したりした。スティーブはわたしにいろいろなアイデアをぶつけ、スタッフ、プロジェクト、マーケティング、販売など、ほとんどあらゆる点について、別の角度からの意見を求めた。Ｍａｃをアメリカ企業社会の新しいパラダイムにするにはどうすればいいか、長い議論を交わし続けた。

スティーブはわたしを、夢を叶えるための力添えととらえ、二つの大手ハイテク企業で幅広い経験を積んだ頼もしい味方とあてにしていた。また、わたしのおおらかな性格によって、自分のバランスを取っている一面もあった。わたしはいわば精神安定剤でもあった。スティーブの秘書のパット・シャープが、ときどき周囲にこう漏らした。「ジェイが部屋に入ってくると、スティーブは人が変わるんですよ」。すなわち、落ち着きをみせる。

わたしがそんな特性を持つようになった理由は、やや変わった育ちのせいだと思う。わたしの父は、農場を経営していた。「アニョヌエボ」（スペイン語で「新年」）という名前の、四平方キロメートルにおよぶ広大な農場だ。北カリフォルニアのモンテレーの海沿いにあり、五・五キロメートルの海岸線を占めていたうえ、小型ヨットで遊べるぐらいの湖が二つあった。もとをたどれば、一七七五年に有名なフニペロ・セラ神父が見いだした土地らしい。一方、母の祖先は西部開拓の先駆けだった。一八〇〇年代の末、できたばかりのカリフォルニア州に幌馬車でやってきて住み着いた（アニョヌエボ農場は、その後、州に譲渡し、現在では毎年多くの観光客がゾウアザラシを見に訪れる観光地となっている）。

わたしの祖父の祖父、フレデリック・スティールは、第十八代大統領ユリシーズ・シンプソン・グラントと陸軍士官学校のときのルームメイトで、南北戦争ではグラント将軍の右腕として活躍した。スティールを陸軍大将に任命するとしるされた文書は、エイブラハム・リンカーンの署名が入っており、わが家の家宝になっている。

作物や家畜は、人間の都合に合わせてくれない。だからうちの家族は、週末も含めて毎日、朝五時に起きた。父親が仕事を終えて帰ってくるのは夕方六時、一家そろって夕食をとるときだった。両親、祖母、姉妹ふたりのほか、ときには兄夫婦も加わった。

農場で育つ子供は忙しい。学校へ行き、宿題を片付け、農作業の手伝いもする。牛の乳しぼりは朝五時と夕方五時の二回。平日も土日も関係なく、晴れても降っても、霧が出ても嵐が来ても休めない。ある程度の年齢に達してトラクターを運転できるようになったら、故障時の修理方法も覚えなくてはいけない。万が一、納屋から三十キロ離れたところで故障した場合、ひとりで直せなければ、はるばる徒歩で引き返すはめになってしまう（現代なら、携帯電話を使えば済むわけだが）。

苦労の多い生活とはいえ、独立心は確実に養われる。自分で何かを生み出さないかぎり、娯楽がほとんどない。わたしはサーフボードを自作したり、けっこう本格的なヨットを二艘つくったりした。やがて十五歳のとき、父親から急に「このあと一年間、学校の理事や市民としての務めに専念したい。農場はおまえに任せる」と通告された。まだ少年のわたしになぜそんな大役が可能だと思ったのか、父の気持ちはいまだにわからない。

わたしは何か独自の工夫を凝らしたいと考えた。大きな農場ではふつう、豊作が五年に一度あればやっていける。そういう成功の年を自分で演出したかった。何を植えればいいだろうか。六カ月先まで計画を立て、収穫時の市場相場を予測する必要がある。わたしは、毎年発行される農作業の年間暦を読みふけった。この暦の天候予想や、地元の農家からもらった助言を参考に、イチゴを植えると決めて、イチゴ栽培に慣れている日系人の家族を招いた。

結果、夢のように実りある一年になった。農場にとっても、わたしにとっても……。この経験が自信につながり、わたしは、自分で想像する以上の成功を収められるという実感を得た。ほかにも、農場から学んだことがある。個々の農場で事情は違うだろうが、アニョヌエボ農場の場合、上に立つ者がすべてを決めて一方的に命令を出す、いわゆるトップダウン方式ではなかった。よくないと思う点があれば、誰でも遠慮なしに指摘できた。

この姿勢はわたしの性格の軸になったが、社会人一年生としてIBMに就職してみると、進んで率直な発言をする社員はあまり多くないように思えた。当時の社長、トム・ワトソン・ジュニアは、初代社長の息子だった。上院外交委員会に呼び出され、ベトナム戦争の失敗の原因について考えをきかれたとき、ワトソン社長は、物流などの後方支援に問題があったと述べた。

間違っていると思ったら勇気を持って指摘すべき、という精神を農場で培《つちか》ったわたしは、このワトソン社長の証言を新聞で読んだあと、意見を言いたくなった。腰を落ち着けて手紙の文面を練り、IBMも後方支援が不足していると書いた。従業員や法人顧客を大切にする社風は素晴らしいと思うけれど、一般消費者市場をないがしろにして大きなチャンスをふいにしている、と。

ほどなく、ワトソン社長の秘書から電話がかかってきた。翌週、わたしの勤務先に用があるので、そのとき会いたいとの連絡だった。わたしは緊張でがちがちになり、クビを言い渡されるものと覚悟した。ところが、いざ会ってみると、「きみの意見には感心したよ。思いきって進言してくれてうれしい。提案は検討しておく」と感謝された。以来、社長は、わたしの働いている場所に立ち寄るときはいつも、わざわざ時間を割いて会話してくれるようになった。

IBMやインテルでの実務経験に加え、こうして悪気なしに正直な意見を述べたり提案をしたりできる性格や、おおらかな態度などが、スティーブのもとで働くうえで役立った。

旗揚げまもないアップルを支えた二種類のコンピュータは、どちらも、もうひとりの創業者、スティーブ・ウォズニアックが開発した製品だ（本人はスティーブと呼ばれたがっているものの、「ウォズ」の愛称で広く知られている）。ウォズが有名人になるまでの道のりは、もうひとりのスティーブに負けず劣らず興味深い。

一九九六年、ジャーナリストのジル・ウォルフソンにインタビューされたウォズは、子供のころ、冒険小説『トム・スウィフト』シリーズに影響を受けたと明かしている。「主人公のトム・スウィフトは、どんなものでも設計できる天才エンジニアで、自分の会社を持っていて、宇宙人をつかまえたり、潜水艦をつくったりと、世界中でいろんなプロジェクトを展開しているんだ」。まるで、生まれて初めてテレビ番組を見た人のようにすっかり夢中になったという。ウォズは触発されて、学生向けの科学研究コンテストに応募し始め、六年生のときに早くも、○×の三目並べゲームができるコンピュータふうの機器をつくりあげた。

引き続き、高校や大学も同じ道を歩いて、だんだん高度な開発作業に挑みながら独学でコンピュータの知識を身につけ、ついにはコンピュータ本体を設計、製造できるようになった。自分の人生をひとことで表すとしたらどんな単語か、ときかれて、ウォズは躊躇《ちゅうちょ》なく「『ラッキー』だね。抱いた夢が、どれもこれも十倍になって現実化したんだから」とこたえている。また、子供のころから教会にかよったことは全然ないものの、価値観はクリスチャンに似ているという。「何かひどい目にあっても、やり返したりしないよ。それまでどおり感じよく接して、心の底から愛情を注ぐ」

また、もうひとりのスティーブにはない、ある程度の謙虚さも持ちあわせている。「うまくエンジニアリングができたときもあるけど、なぜうまくいったのかはわからない。僕のことをある種の英雄だとか特別な人間だとか考える連中もいるけど、本当にコンピュータを生み出したのは、おおぜいの人たちの力、知恵の結晶なんだ」

コンピュータ革命の黎明期《れいめい》にウォズが重大な役割を果たしたにもかかわらず、かたわらにはいつもうひとりのスティーブがいて、功績を分け合うかたちになった。

そのスティーブ・ジョブズは、ウォズと違い、指先の技能もなければ、技術的な知識も持っていなかった。では、複雑なコンピュータ技術をどうやって理解したのだろうか。

以前、わたしに話してくれたところによると、コンピュータに夢中になるきっかけは、まだ小学生のころ、マウンテンビューにあるＮＡＳＡエイムズ研究センターを見学したことだったという。じつはコンピュータ本体ではなく端末しか見ていないのだが、当時の体験を話しだすと、少年のように目を輝かせる。その日、コンピュータというものと「恋に落ちた」と、熱っぽく語ってくれた。

子供時代の思い出に関しては、ＰＢＳテレビの長編ドキュメンタリー番組『コンピュータおたくの勝利』のなかでも明かしている。「キーボードでコマンドを入力して、少し待つと、ダダダダダダと処理結果が表示されて、何かを教えてくれる。それだけでも素晴らしかったし、十歳の子供にとってはもちろん楽しかった。でもそれだけではなくて、ＢＡＳＩＣなりＦｏｒｔｒａｎ《フォートラン》なりでプログラムを書くと、マシンはこちらの意図をくみとって、実行して、結果を返してくれるわけだ。予想どおりの結果なら、自作のプログラムが正しく動いたとわかる。とんでもなくスリリングな経験だった」

ハイテク企業の主要メンバーとして活躍したければ、本来、学校で何年間か集中的に専門知識を詰め込まなくてはいけないはずだ。ところが、この人生の鉄則が、スティーブ・ジョブズにはなぜか当てはまらなかった。彼は驚くべき道筋をたどることになる。

　なにしろ、若き日のスティーブは、一学期あまりで大学を中退して、インドへ出かけた。たんなる観光ではない。托鉢修行僧に近いかたちで放浪して、仏教にのめり込み、生涯にわたって信仰を捧げるようになった（以前、スティーブといっしょに日本を旅行した折に、スティーブが、通りかかったある寺を指さして言った。「インドを旅したあと、あの寺に住み込んで僧侶になろう、と決意したんだ。スティーブ・ウォズニアックと始めたあのささやかなプロジェクトさえなければ、本当にそうなるはずだった」。人生、どんな思いがけない方向へ進むかわからないものだ）。

　新米の僧侶になる代わりに、スティーブは、驚異的な洞察力を持つハイテク魔法使いになっていく。Ｍａｃチームに加わったあと、たちまちのうちに、設計やシステムアーキテクチャ、さらには機能の隅々まで学びとった。テクノロジーを非常に深いところまで理解していたので、どのエンジニアと話すときも、相手が取り組んでいる作業の細部を議論できた。進行状況はどうか、なぜああではなくこう決めたのかといった点を質問したり、この選択は最良ではないから変更すべきだ、などと命じたりした。また、Ｍａｃの心臓部にどのマイクロプロセッサを採用するかという根本的な部分にまで踏み込んで、大容量のメモリーに対応する「モトローラ６８０００」を使ってまったくあらたな試作機をつくるように指示を出した。開発チームは不平を言いながらも従った。結局、この決断は正しかったことがわかる。

Ｍａｃエンジニアのひとり、トリップ・ホーキンズが、アップル在籍時のようすについてインタビューでこんなふうに語っている。「スティーブが抱く将来構想の力は怖いくらいでした。スティーブが何らかの未来像を信じ込むと、その信念の威力で、反対意見も問題点もすべて吹き飛んでしまう。あとかたもなく消えてしまうんです」

スティーブを突き動かす原動力は何だったのだろうか。スティーブの左腕ともいうべき役割（なにしろ彼は左利きだ）を務めたわたしの意見では、答えは本人が語った言葉にあると思う。自分自身について、また、自分の役割や目標について話すなかで、こう述べている。「偉大な製品は、情熱的な人々からしか生まれない」「偉大な製品は、情熱あふれるチームからしか生まれない」

前出のトリップ・ホーキンズが触れているようなスティーブの力強い信念は、意識の集中力が生みだしたともいえるが、それ以上に、スティーブの熱意の産物だ。自分自身にも周囲の人々にも高い水準を求め、あらゆる作業に力の限りを尽くさせる。「人生でできる事柄の数は限られているのだから」とスティーブは言う。情熱的な芸術家と同じように、自分の創造物に対する熱い思いに駆られている。Ｍａｃやそれ以降の製品はただの製品ではない。スティーブの全身全霊がこもっている。未来を強く思い描く人間が素晴らしい芸術や製品をつくれるのは、九時から五時までしか働かないといった態度とは対極の生きかたをしているからだ。

　スティーブがつくろうとする製品は、当人に似て、直感的でありながら的確だ。とくに意識したわけではないものの、スティーブは、アインシュタインが推奨する「神秘的なものを追い求めよ」という姿勢をとっていた。

　もっとも、スティーブの情熱は、たんに偉大な製品をつくることではなく、もっと研ぎすませたものをつくる方向にふさわしかったのだが、それを自覚するようになるのは、最初のＭａｃを完成して以後、受難の時期を迎え、手痛い失敗をいくつか犯したあとだ（くわしくは、本書を読み進めていただきたい）。苦労を乗り越えたすえに、スティーブは、洗練されてとっつきやすく、直感的に操作できて、しかも美しく高性能の機器をつくりだし、みずからの業績を決定づけることになる。世界がスティーブに寄り添い始め……そしてスティーブは世界を変えていく。

「人生でやれることはほかにもたくさんあると思う」。スティーブは言った。「でもＭａｃは世界を変えるんだ。僕はそう信じているし、同じ信念を持つ人たちをチームのメンバーに選んだ」

　製品に対するこのような情熱が、アップル社内全体に伝わるわけだ。受付係からエンジニア、取締役にいたるまで、あらゆる人々を感化する。もしリーダーからこういった熱意を感じとれない企業があるとしたら、「なぜ熱意が乏しいのか？」と従業員はリーダーに問いかけるべきだ。

　製品開発のすべてを掌握する、皇帝スティーブは、Ｍａｃ開発チームのなかで驚くほどたくさんの任務を兼任していた。なんといってもまず、製品の企画責任者だ。図面の段階から完成後の出荷まで、製品にいわば宿っている。まるでその製品が命を持つ有機体であるかのように、後日たどる運命をありとあらゆる細部まで思いやる。

また、周囲を固めるチームメンバーは、自分と同じくらい製品の優秀さにこだわる人々でなければいけないと感じている。スティーブの成功を支えている大きな鍵の一つが、情熱なのだ。スティーブは人に厳しくて要求が多く、ときには礼儀知らずだが、それもこれも炎のような熱意の表れといっていい。

ほとんどの人間は起業家や製品責任者に必要なものを持ちあわせていない、とスティーブは考えている。新会社ネクストを成功させようと懸命だったころ、こんな話をしていた。「いろんな連中がやってきて、『起業家になりたいんです』と言う。でも、『どんなアイデアを持ってるんだい?』と尋ねると、『まだ思いついていません』という返事がかえってくるんだ」

そういう相手に、スティーブはこう告げる。「本当に情熱を注ぎ込めるものを見つけるまで、皿洗いか何かの仕事をやったほうがいい」。スティーブの考えによれば、「成功する起業家とそうでない起業家の違いのおよそ半分は、純粋に忍耐力の有無にある」

さらにスティーブはこう語っている。「これと決めた事柄には、人生の非常に多くを注ぎ込むはめになる。たいていの人ならあきらめそうな、つらい時期が何度も訪れる。途中で投げ出す人がいても無理はない。とてもきつく、命をすり減らすことになる」

つまり、このアイデアを実現したい、この問題点を解決したい、この誤りを正したいなど、自分が使命と感じる何かで、心が燃えたぎっている必要がある。最初から熱意にあふれていなければ、貫き通すのは不可能だ。

2　成功は細部に宿る

多くの企業が理解しようとしてできずにいる点を、スティーブ・ジョブズは会得している。だから、スティーブが手がける製品は、進化すればするほどシンプルになる。製品はなるべく脇役に回り、ユーザーを主役に立てようとする。どんなユーザーも、うまくいったという実感を得たいものだ。何かを巧みに扱えるようになれば、気分がいい。使って気分のいい製品なら、さらに多くの人々が買いたがる。

どんな細部も一つとしておろそかにはできない。スティーブはそう考える。たくさんの機能をひたすら詰め込むだけではだめで、むしろ、創造性を発揮して新しいアイデアを組み入れ、完璧さをたえず追求する必要がある。「ユーザーが直感的に使える」という目標に焦点を絞り込んで、ありとあらゆる面に気を配らなくてはいけない。ユーザーの負担を軽くしようと思うと、開発作業はむしろ増えて、設計もきめ細かくならざるをえない。細部への極度なまでのこだわりが、スティーブや彼の製品の成功の大きな要因といっていい。

スティーブはポルシェデザインの腕時計を着けていた。これもまた、美術館入りするくらいの見事なデザインに惚れ込んでのことだ。誰かがその腕時計に気づいてほめると、スティーブはいつも、手首から外して気前よく相手にプレゼントした。「デザインの素晴らしさがわかったんだね。おめでとう」という意味がこもっていた。もっとも、数分もすると、スティーブはふたたびまったく同じデザインの腕時計をはめる。好きなとき人にあげられるように、何個もオフィスに常備しているのだった。一個二千ドルほどもする腕時計なのだが……（わたしがもらったものは、数年前、バンドの部分が壊れてしまった。バンドと本体はどちらもチタン製で、一体化したデザインだから、あいにく修理できない。スティーブに確かめてはいないものの、この腕時計にヒントを得て、金属製の一体型Ｍａｃをつくったのかもしれない）。

いま思えば、あのころ駐車場で重ねた話し合いや、腕時計へのこだわりが、のちのち、ジョブズらしさの形成や、製品クリエーターとしての成功の土台になった。スティーブは、一つひとつの細かな部分に意識を集中したがる。いや、集中せずにはいられない根本的な欲求を持っている。そうやって自分のビジョンと意識を明確にしながら、めざす結論にたどり着く。

誰でも、ときには意識を集中するだろう。しかしスティーブはもっと一貫していて、製品や決断のあらゆる側面を残らずとことん考え抜く。まず、将来に向けてのおおまかな方向性を決め、次に、具体的な製品の構想を練る。どんなふうに機能すべきか、日々の生活にどう自然に溶け込み、どう使われるべきか、といった点を思い浮かべる。

「もし僕が製品だったら？」

スティーブは、ユーザーが体験することをすべて細かく事前に把握したがる。新しいコンピュータを購入して、自宅やオフィスで初めて外箱を開けたとき、最初に何を目にするか？　コンピュータ本体を取り出すまでに、梱包材その他をいくつ取り除く必要があるか？　どのくらい簡単に取り除けるか？

スティーブはよく、開発チームに向かってこんな言い方をした。「じゃあ、僕が製品だとしよう。購入した人が、僕を箱から出して起動するまで、僕にはどんなことが起こる？」。スティーブはいつも不完全なところを見つけ出す。デザインから、使い勝手やユーザーインタフェース、マーケティング、さらには梱包、売り込み方法や販売方法にいたるまで、あらゆる部分に目を光らせる。

その徹底ぶりに、わたしは圧倒された。きわめていい意味で、細部にまで情熱を注いでいるのだった。将来構想と自信に裏打ちされた熱意で、「究極の一般消費者」という視点を貫いている。マウスにしても、当時のユーザーにはまったく目新しい代物だった。箱から出したあとすぐ、しっくりとユーザーの手のひらになじむようにするには、どんな工夫をほどこせばいいのか？

コンピュータの外見を見ばえよくするには、どんな本体デザインにすればいいか？　デスクの上に置いたとき、見た目にも満足がいき、誇りに思えるようなコンピュータに仕上げるにはどうすべきか？　いかにもエンジニアがデザインした感じの、角張ったたんなる不細工な箱にはしたくない。

コンセントにつないだＭａｃは、電源スイッチを入れてから、どのくらいすばやく起動するか？　電源をオンにするたび、画面には最初に何が表示されるべきか？　ユーザーマニュアルを見ずに、あらゆる基本操作の方法がわかるか？

Ｍａｃのサポート文書を執筆する担当者たちと会ったとき、ひとりが、そのころ常識とされていた事柄を口にした。ユーザーマニュアルは、高校三年生でも読めるように書かなくてはいけない、と。ところがスティーブは異議を唱えた。「いいや、小学一年生が読めるようにすべきだ」。Ｍａｃを単純明快にして、マニュアルがまったく要らなくなるのが理想なのだった。

続けて、こう付け加えた。「いっそ小学一年生に書いてもらったほうがいいかもしれないな！」

直感的に仕上げようがない機能もあることは、スティーブも承知していた。完全に直感的な機能だけに絞っては、ごく単純なマシンしかできあがらない。それでも、設計者やプログラマーは最善を尽くして、Ｍａｃを（さらに、その後の製品すべてを）使いやすくするために知恵を絞らなくてはいけないと感じていたわけだ。

スティーブからみれば、成功は細部に宿る。

シンプルさへのこだわり

どんな製品も可能なかぎりシンプルでわかりやすいものにしたいと、いつも一貫した意志を持っていたスティーブだけに、あるとき、一九三二年型のフォード「モデルA」が気に入っているという話を聞かせたところ、非常に興味を示した。わたしは、農場で汗を流したごほうびに、十五歳の誕生日プレゼントとして、中古のモデルAをもらったのだ。エンジンもブレーキも車体も、あちこち整備する必要があった。しかし、設計がとても工夫されていたおかげで、マニュアルを見なくても簡単にエンジンを修理できた。製造段階でもきわめて細かな配慮がなされていて、部品を運ぶ際に使った木箱の板をそのまま、床、座席、内装などの骨組みに利用してあった。また、交換する場合に備えて、板の裏側には種類とサイズが焼き付けてあったから、わけなく調達できた。ここは重要なポイントだ。モデルAが発売された時点では、ライバルはまだ馬車で、自動車修理工場など存在しなかったことを考え合わせてほしい。

登場したてのＭａｃを購入する人々も、マウスなるものに初めて触れる。ライバルはキーボードだ。わたしは、ヘンリー・フォードの立場を連想せずにいられなかった。世に誕生したばかりの車を運転するには、まず、クラッチやアクセルやギアの使いかたを覚える必要があった。はるかにたやすく操作方法を習得できるとはいえ、目新しさの点ではマウスも同じだ。

配下の選りすぐりのエンジニアを結集して、ｉＰｈｏｎｅの開発という極秘プロジェクトに取りかかったとき、スティーブは大きな戦いに挑まなければいけなかった。携帯電話の分野でまったく経験のない企業が新製品をつくるとなれば、途方もない努力をしいられる。ただ、無茶を承知で乗り出した理由の一つは、スティーブの基準に照らして、それまでの携帯電話がどれもこれもあまりに複雑だったからだ。細部に凝りながらも品質とシンプルさをひたすら追求するスティーブには、このうえなく挑戦しがいのある課題だった。

まずスティーブは、早い段階で、アップル製の携帯電話にはボタンをたった一つしか付けないと決めた。

週に一、二回の会合では、エンジニア陣から繰り返し、ボタン一個の携帯電話なんて不可能だ、と反対の声が出た。電源のオンやオフ、音量の調節、機能の切り替え、インターネット接続など、携帯電話にはやらなければいけないことが山ほどあるのに、制御ボタンが一個ではどうしようもない、と。

スティーブは耳を貸さなかった。「ボタンは一個だけだ。なんとか方法を考え出そう」という姿勢を崩さなかった。

長年、さまざまな難題をみごとに解決し、すぐれたアイデアを生み出して各種の製品に組み込んできたとはいえ、いったいどんな設計にすれば携帯電話のボタンを一個で済ませられるのか、当のスティーブもまだ思いついていなかった。ただ、究極の一般消費者の立場から、ボタン一個の携帯電話が欲しいことだけは確かだった。エンジニアの不平を払いのけ、必要な解決策を工夫しろ、と命じ続けた。

結果はご存じのとおり。ｉＰｈｏｎｅの前面にはボタンが一個しかない。

手の威力

スティーブは、人間の手が持つ驚くべき能力に魅力を感じていた。手そのものや、腕との連動に、純粋な好奇心を向けていた。

会議中にふとスティーブを見やると、ときどき、顔の前に片手をかざして、ゆっくり回しながら観察していた。手の構造や機能にすっかり魅入られているようすだった。時間にすれば一回につき十秒か十五秒だが、完全に心を奪われていた。その姿を一、二度眺めただけで、何を考えているかは理解できた。コンピュータに命令を伝えるには、キーボードを叩くより指を活かしたほうがずっと便利なのだ。

ＰＡＲＣを見学した経験から、手は素晴らしい装置だと、スティーブはたびたび言った。「からだの各部のなかで、脳が求めることをいちばん頻繁に実行しているのは手だ」「手の機能を再現できさえすれば、強力な製品になるだろう」

いま思うと、こうして手という一つの要素を驚くほど深く考え抜いたことが、Ｍａｃから、ｉＰｏｄ、ｉＰｈｏｎｅ、ｉＰａｄにいたるまで、現在のアップル製品すべてにつながっているわけだ。

スティーブはＭａｃ開発チームに命じて、カーソルをあやつるためのさまざまな入力装置を試した。ペン型もあれば、タブレットふうの機器――今日のノートブックに付いているトラックパッドのようなもの――もあった。じっくりと比較検討した末に、マウスにまさるものはないと確信した。ドロップダウン式のメニューも、カット・アンド・ペーストなどの編集機能も、カーソルを自在に動かせてこそ可能になった。

究極のユーザー――自分という名の顧客、顧客という名の自分

非常に根本的にみて、アップル製品を支える将来展望には、スティーブの製品全般に対する思いが反映されている。つまり、彼は、製品を人間生活のきわめて私的な一部分だと考えているのだ。情熱家で完璧主義者で、未来像を実現する力に満ちたスティーブは、製品を設計する際、高度なテクノロジーを愛する気持ちだけでなく、機能をシンプルな美しさで包みたいという願いも込めている。テクノロジーにくわしくない一般の消費者でも、オブジェとしてこころよく受け入

れられるように。

スティーブが製品をつくるときは、あらゆる消費者を考慮に入れようとする。設計するときは、ごくふつうの人々を意識して設計する。

とくに初めのころ、スティーブのプロジェクトにかかわった者はほとんどみんな、彼の極度の心配症に恐怖さえ感じているようすだった。最初のＭａｃを開発中だったころ、スティーブは、たえず現場を歩きまわって状況をチェックした。Ｍａｃチームはたいした規模ではなく、営業や広告やマーケティングの担当者まで含めても、多くて百人を超えない程度だった。にもかかわらず、スティーブは警戒心をあらわにして、各自のデスクや作業スペースをのぞき込み、前回の偵察のあとめいめいがどんな決断をあらたに下したか調べて、片っ端から難癖をつけようとした。

スティーブがもし「なんだ、それは」と口にしても、たいがいは批判の言葉ではなく、「理解しかねる。説明してくれ」という彼なりの表現だった。

しばらくのあいだ、Ｍａｃチームの大半は、こうしたスティーブの行為が納得できずにいた。おせっかい、時間の無駄、行きすぎた監視と感じ、リーダーが細かいところにまで干渉しすぎていると不満を抱くメンバーが多かった。しかし、誤解だ。スティーブは、つくりたい製品を明確に思い描けているからこそ、ありとあらゆる選択や決定がベストであるように目を光らせて、自分自身を安心させたかったのだ。

完成度を重視

どの製品も極限までシンプルにして、消費者が直感的に理解できるものをつくりあげたい、とスティーブは意欲を燃やしたわけだが、と同時に、創造性もめざしていた。自分が手がける製品にはすべて、二つの特性を持たせたかった。一つは、直感的であること。もう一つは、その製品に愛着を抱かずにいられないくらい、満足のいく利用体験をユーザーにもたらすことだ。

スティーブは、製品を予定どおりの時期に出せるかどうかよりも、ユーザーにとってなるべく完璧に近い、的確な製品であるかどうかを重視する。実際、開発作業に何度もストップをかけて、ゴールへ向かって前進せず、いったん戻ってやり直すように命令した。「ＩＢＭ ＰＣ」など、せいぜいドアストッパーにすぎないと考えていて、そんなたぐいの製品はぜったいにつくりたくなかった。アップルに復帰して以来というもの、スティーブの評価を高めた製品は――つまり、ほとんど全製品だが――いずれも、予定より発売が遅れた。製品の完成度がまだ不十分だとして、スティーブが待ったをかけたことが原因だ。たいていの企業なら、株主から苦情が殺到するだろう。

最初のＭａｃにしても、開発チームのメンバーたちは袖に「一九八三年五月」の文字が入ったＴシャツを着ていたが、その予定日を数カ月過ぎてなお、市場に製品を送り出せなかった。

もっとも、いまのスティーブは、予定より遅れたとメディアに悪口を書かれる心配はない。発売開始の直前になるまで、新製品の情報を伏せたままにしておくようになったからだ。ちまたで飛び交う噂などは気にしない。事前のいろいろな予測は、むしろ、世間の期待感をあおってくれる。

眠れる才能の開花

なんの役にも立ちそうにないけれど、人とは違う特技や知識をひそかに持っている――みなさんもそうではないだろうか。生活にはとくに意味がなさそうな才能や、取るに足りない雑学……。

スティーブも、そんなものをたくさん持っていた。たとえば、リード大学にかよった短い期間に「カリグラフィー」（装飾文字を描く技法）を学んでいる。少年時代からテクノロジーに魅せられていた若者が、なぜカリグラフィーなどという高尚な分野に興味を抱いたのか、まったく不思議だ。

しかし、「かたち」に対する強い関心が、初めはＧａｒａｍｏｎｄ《ガラモンド》やＭｙｒｉａｄ《ミリアッド》などの書体に向けられ、やがてｉＰｈｏｎｅのほぼ完璧な美しいデザインにつながっていく（ちなみに、わたしが出会ったころ、スティーブの署名は美しい筆記体ですべて小文字だった）。

ＰＡＲＣで目にしたグラフィックス・インタフェースが、スティーブの眠っていた関心を呼び覚ました。当時のコンピュータ画面では、汚い退屈なフォントが標準だったが、Ｍａｃにはそんなフォントを使わなくてもすむ。ＰＡＲＣと同じような画像表示機能を実現すれば、見た目の美しいフォントをたくさんの種類から選べるようになって、文字のサイズも自由自在だし、太字や斜体にしたり、下線を引いたり、数学用の上付き文字に変えたりと、思いつくかぎりの変化を付けられるわけだ。

ここでもまた、スティーブはまず先に未来像を固めた。わたし自身のフォード・モデルＡの一件もそうだが、過去の記憶をいつでもたどれるオープンな姿勢さえあれば、思わぬ重大な場面で、若いころの経験が魔法のように役立つこともある。

細かく、もっと細かく

本当に細かい部分にまでこだわるスティーブの性癖をめぐっては、つい苦笑するほどのエピソードも少なくない。ただし同時に、誰もが参考にできる一面もある。

二〇〇二年、音楽業界の保守的な企業幹部たちを説得して回りながら、楽曲のオンライン販売に向けて準備を進めていたとき、スティーブは、全米レコード協会のＣＥＯ、ヒラリー・ローゼンに相談役を頼んだ。会議のたび、ヒラリーをはさんで、スティーブと、ｉＴｕｎｅｓミュージックストアのウェブサイトを設計中のメンバー二名とが腰を下ろし、もう何度修正したかわからない案をあらためて検討した。ヒラリーは当時をこう振り返る。「二十平方センチの空間に単語を三つ配置するだけなのに、スティーブは、ああでもないこうでもないと、エンジニアたちと二十分も悩んでいました。そのくらい、細部に神経をとがらせていたんです」

タイム誌のあるライターも、似たような体験をしている。ピクサーにおける会議のようすを取材した際のことだ。微に入り細をうがつスティーブの姿に、やはり仰天したという。その会議では、ディズニーのマーケティング担当者が、『トイ・ストーリー2』の広告プランを説明していた。スティーブは、宣伝ポスターに始まって、予告編、看板広告、公開日、サウンドトラック・アルバムやキャラクター玩具の宣伝キャンペーンなどにいたるまで、事細かにチェックした。発する質問は正確で鋭く、テレビCMの放映予定、ディズニーランドやディズニーワールドでおこなう関連イベントのほか、どのテレビニュースやインタビュー番組で取り上げてもらうつもりなのかなど、多岐におよんだ。

スティーブはすっかり没頭して、「教典《タルムード》を熟読する律法学者《ラビ》のようにスケジュール表をつぶさに眺めていた」という。取材したそのライターは目をまるくした。もっとも、過去にスティーブと仕事をしたことのある人々は、さまざまな質問を聞いても驚かなかった。スティーブは何事においても同じように細かく気を配るからだ。

さらに例をあげておこう。ディズニーがクリスマスの宣伝用ディスプレイをくまのプーさんにするかバズ・ライトイヤーにするかといった点にスティーブの意向がかかわることはもちろんだが、彼の細部へのこだわりは、もっとはるかに大きな影響力を持っている。iPhoneの外形に関していえば、設計チームはうんざりするほど大量のデザイン案を検討し続けることになった。ほとんど違いがわからないほど微妙な違いのデザインもあれば、まったく別物のデザインもあり、ケースに使う素材も、さまざまなものが候補に挙がった。あげくのはてに、発表まで数カ月に迫ったある週末、朝めざめたスティーブは、にがい真実に気がついた。自分が選んだケースのデザインに、じつは満足していない、と。

iPhone開発チームが嫌な顔をすることはわかりきっていた。ただでさえ、尋常ではない労働時間をしいられているのだから……。しかし、それはささいな問題にすぎない。昔のミケランジェロと同様、スティーブは、作品に納得がいくまでカンバスに修正の筆を入れ続ける。「リセットボタンを押す」――このたぐいの全面的な見直しをスティーブはそんなふうに表現する。PARCからアップルへ移籍して主任研究員になったラリー・テスラーが、かつてこう語っている。「スティーブ・ジョブズに会って初めて、カリスマという言葉の本当の意味がわかりました」。自分の製品を、そして自分の部下たちを、スティーブのように深く信じていれば、部下たちはしっかりとついてくる。

アップルは、シリコンバレーのなかでも従業員が辞職する割合がきわめて低い企業だが、製品開発チームはとくに低い。勤務時間の長さや労働条件の悪さを理由に辞める者はごくわずかしかいない。

いずれにしろ、いまではもう、アップル従業員はリセットに慣れっこになっている。スティーブが「どうもよくないな。この案は捨てる。十歩さがって、正しいアイデアを練り直そう」と言いだすと、厄介ではあるものの、たしかに製品に磨きがかかっていく。

では、製品開発よりずっと重要度の低い面についてはどうか。アップル社内でもさすがにこんなところまではスティーブの目が届かないはず、という事柄を何か一つ想像してもらいたい。

そのうえで、この話とくらべてみてほしい。

ロサンゼルス在住のイアン・マドックスは、いまサイファイ・チャンネルの連続ドラマ『ウェアハウス13』にかかわっている若者だが、その前、パサディナにあるアップルストアで営業担当と「キーホルダー」（ふつうに言い直すと「副マネジャー」）を兼任していた。彼がアップルストアで働き始めたころ、閉店後になると毎晩、内装工事のスタッフがやってきて、各売場ずつ順々に床材をはがし、タイルの張り替えをおこなった。新しいタイルは、スティーブがじきじきに選んでイタリアから取り寄せた灰色の御影石だった。「小売店の床材にしては、ずいぶんぜいたくでした」とイアンは振り返る。作業が完了した二日後、出勤してみると、開店前の早朝だというのにいろいろなマネジャーたちが神妙な面持ちで歩きまわっていた。地域の総責任者まで来た。

そのあと、なんとスティーブ・ジョブズが姿を現した。四、五人の部下を引き連れて、床タイルの視察に訪れたのだった。

あいにく、新しいタイルは、張った直後には美しかったものの、客の足に踏まれ、早くも、大きなみにくい汚れがあちこちにできていた。高級感を演出するはずが、かえってだらしない印象になってしまっていた。

従業員たちは、各自の仕事で忙しいふりをしながらも、身を縮めて固唾をのみ、スティーブの反応をうかがった。スティーブは不機嫌どころではなかった。怒り心頭に発して、全部やり直せと声を荒らげた。

あくる晩、内装工事の作業員たちが戻ってきた。ふたたび床材をはがし、一からやり直しにとりかかった。こんどは、防水塗装剤や洗剤を別の製品に変えた。

このエピソードを聞いたとき、わたしは思わず微笑んだ。世界的な企業のＣＥＯのうち、直営店の床材をわざわざ視察する者など、スティーブのほかにいるだろうか？　だが、細部を気にかけるスティーブなら、いかにもやりそうなことだ。

わたしはときおり、この話を思い出しつつ、自分の胸に問いかける。「『わたしが求めていたものと違うな。でもまあ、いいだろう』と妥協したことが、最近なかったか」。こうして反省しながら、お手本であるスティーブ・ジョブズと同じくらい、細部に口うるさく、完璧さを追求しているかどうか、自分自身を点検するわけだ。

イアンからはもう一つ、面白い逸話を聞いた。スティーブのまた別の側面がうかがえる。アップルストアで働いていたある日、イアンは一通のメールを受け取って非常に驚いたという。彼が応対した客のひとりがとても満足して、スティーブに賞讃のメールを送ったらしい。それにこたえて、スティーブが、イアンと客に同報メールを送信したのだ。文面はこうだった。

great job《よくやった》

大文字もなければ、ピリオドも署名もなし。けれども、「じゅうぶんでした」とイアンは言う。これまた、巨大企業のＣＥＯのなかで、はるか前線の従業員をいちいち励ます者はどのくらいいるだろうか。

失敗から学ぶ

Ｍａｃ開発チームが製品の完成に近づいて、ハードウェアも順調に動き、ソフトウェアも必要な機能を備えてクラッシュしなくなったころ、スティーブが現場でデモを眺め、不満を漏らした。

「このうるさい音はなんだ？」

いったい何を言いだしたのか、みんなとまどった。異音などとくに聞こえない。冷却ファンの静かな回転音だけだ。

ところが、スティーブはそれが気に入らなかった。当時、コンピュータにはうるさい冷却ファンがついていて当たり前だったにもかかわらず、Ｍａｃは完全に無音でなければいけないと考えたのだ。

エンジニアたちはもちろん反論した。冷却ファンなしでは無理です、高温になって熱暴走してしまいます。

だがスティーブの意思は固かった。冷却ファン、廃止。

エンジニア陣はわたしの執務室に来て、スティーブを説得してあきらめさせてほしいと訴えた。開発チームのエンジニア全員が、Ｍａｃには冷却ファンが必要という意見だった。しかし、全員を敵に回しても、スティーブの気持ちは揺るがない。

しぶしぶ、エンジニアたちは持ち場に戻って、冷却ファンなしで動くＭａｃを再設計し始めた。当初予定していた発表日が来て、むなしく過ぎていった。Ｍａｃがやっと世にデビューしたのは、五カ月後だった。

理屈でいえば、スティーブは正しかった。完全に静かなコンピュータのほうが、使っていて楽しい。ただし、その代償が大きすぎた。ここでもまた、スティーブは貴重な教訓を学ぶことになる。細部は重要であり、時間をかけて修正する価値があるものの、場合によっては、要する時間と、発売が遅れる損失とを、天秤にかけて考えなくてはいけない。このあともスティーブは、軌道修正のために製品の発売を遅らせることがあるが、初代Ｍａｃのときほど極端な遅れは二度と引き起こさないと肝に銘じている。

Ｍａｃに批判的な人々だけでなく、熱心な支持者の一部からも、発熱のトラブルを避けられない初期のＭａｃは「ベージュ色のトースター」などと陰口を叩かれるはめになる。けれども、ｉＰｏｄを筆頭に、のちの主要製品はすべて、初期のＭａｃをつくったころの経験が土台になっている。製品を消費者に届けるまでのいろいろな過程や、価格設定その他、こうして修業時代に学んだ教訓をもとにして工夫が凝らされているのだ。

Ｍａｃに関して犯した失敗は、冷却ファンの一件だけではない。スティーブは、ハードウェアとソフトウェアを開発するだけでは飽きたらず、本体を製造したがった。工場の建設には二千万ドルかかるとみられ、アップルの取締役会は乗り気ではなかった。取締役の誰ひとり、Ｍａｃがそれほど大成功するとは考えていなかった。なのに、意外とあっさり承認の決定を下してしまった。ＡｐｐｌｅⅡの華々しいヒットのおかげで、すでに二千万ドルの現金を持っていたからだ。

本社のあるクパチーノから車で三十分あまりの場所、フリーモントという街の近くにおあつらえの建物があるのをスティーブが見つけてきて、Ｍａｃ製造の完全オートメーション工場につくりかえることになった（ハイテク業界史の本はどれも、ここを本格的な製造工場と紹介しているが、実際には組み立て工場にすぎない。日本など各地から部品を取り寄せて、フリーモントで組み立てていた)。

スティーブはみずから、エンジニアたちとともに、さまざまなオートメーション機械を設計した。例によって、それぞれの機能や制御方法にいたるまで細かな決定にかかわった。まるで、クリスマスプレゼントに新しい機械を買ってもらえることになっていて、それが楽しみでしかたない子供のようだった。フリーモントで実際に動くさまを早く見たくて待ちきれないらしかった。人間の手についての興味が膨らんだせいなのか、オートメーションにも強くひかれていた。生産開始が間近に迫ったころともなると、毎週三回ほど、わたしといっしょに工場を視察に出かけた。

残念ながら、この話の結末はハッピーエンドではない。もっと早い段階でスティーブがふと冷静になって、持ち前の鋭い分析力を発揮していれば、Ｍａｃの売上げが天文学的な数字に達しないかぎり、この工場は割が合わないと気づいたはずだ。わたしの推算によると、ここでのＭａｃ一台あたりの生産コストはおよそ二万ドル。Ｍａｃの販売価格は一台二千ドルだ。数字を見くらべてほしい。そもそもが無茶な判断だったわけだが、発売初期のＭａｃはあまりヒットしなかったため、問題はさらに大きくなっていく。

しかし、転んでもただでは起きない。これを教訓に、スティーブは以後、二度と同じあやまちを犯していない。

小さな変更、大きな結果

わたしがスティーブの洞察力に感服するのは、アップル入社前の経験と照らし合わせていることもある。インテルにいたころ、わたしは、三人の創業者――アンディ・グローブ、ゴードン・ムーア、ボブ・ノイス（集積回路の発明者のひとり）――と席を並べて重役会議にのぞんだことがある。

アンディが、ライバル企業の半導体チップを掲げて、こう言った。「これを見てもらいたい。わが社の製品より、見た目がいい。技術的にはうちのほうがはるかに上なのに、このチップはパッケージやレタリングでまさっていて、接合部がすべて金メッキだ。中身よりも見かけのよさで、わが社に戦いを挑んできている」

半導体という製品は、コンピュータなどの電子機器の内部で生きている。ユーザーの目には触れないわけだが、インテルとしては何か手を打つ必要があった。すぐれたテクノロジーに見合うだけの存在感を持たせるため、大がかりなプロジェクトを計画した。その結果、知名度を上げるキャンペーン、「インテル・インサイド」が始まった。

それより前、インテルは半導体市場で第四位の企業だった。しかし、こういった努力のかいあって、首位に躍り出た。

この成功例と同じような姿勢をさらに一貫してとり続けて、ほんのささやかな点にまで神経をとがらせ、あらゆる細部を正しい方向にむけようと力を尽くしてきたからこそ、スティーブ・ジョブズは、優秀な企業リーダーになり、たぐいまれな製品を相次いで生み出すことができた。

スティーブの目から見れば、ないがしろにしていいものなど存在しない。自分の理想、完璧さをめざすビジョンに、どうにか少しでも近づけようと、あらたなアイデアを試し続ける。ほかの人々が誰しも「現段階でそこまでは無理」と感じるハードルを、ほとんどの場合、乗り越えていく。

乗り越えるまでには時間がかかるし、配下で働く製品クリエーターはひどい苦しみを味わうはめになるが、その不屈の精神こそが、スティーブの成功にぜったい欠かせない要因なのだ。

第二部　人材を活かす術

3　チームづくり――「海賊になろう！　海軍に入るな」

スティーブがからむと、チームメンバーを引き連れてのビジネス合宿も、ふつうではない。そのくらい、わたしも事前に覚悟しておくべきだった。ホテル「カーメル・イン」の二階にあるレストランは、窓が大きく、ガラスの向こうに青いプールが光り輝いているのがよく見えた。水の中では、若い男たちに交じって、女の子がふたり、楽しげに戯《たわむ》れていた――まったくの全裸で。きっかり朝八時。食事中の客の大半は、目のやり場に困っていた。白髪の老貴婦人が二名ほど、ショックを受けたようすでコーヒーカップに覆いかぶさっていた。わたしも負けず劣らず驚いた。プールではしゃぐ若者たちは、Ｍａｃチームのメンバーだったからだ。

チーム文化の形成

リーダーや管理職者なら誰もが、部下たちをうまくまとめたい、全員を同じ方向へ引っぱっていきたい、おたがいに助け合いながら、各自の割り当てに全力を尽くさせ、グループの目標を達成したい、と考えている。もちろん、全裸の水遊びなどは、はめを外しすぎもいいところで、リーダーシップの理想的な例とはいえないが、しかし、スティーブがＭａｃチームの中にある種の強い一体感をもたらしたことはよくわかるだろう。

もともとはたった五人で画期的なコンピュータをつくろうとしていたのだが、スティーブが連れてきた新規メンバーの加入などで、Ｍａｃチームは総勢三十人ほどに膨らんでいた。この息抜きがてらのビジネス合宿はスティーブの発案だ。全員が意気投合して同じ方向をめざせるようにという配慮だった。

二十代が大半を占めるＭａｃチームは、まったく斬新な独自のアイデアを考え出そうと、知恵を絞り続けていた。しかし、周囲の環境がむしろ逆風に近かった。アップルの業績は好調だったものの、スティーブにいわせればもう時代遅れな製品ラインナップが、収益の支えになっていたからだ。プールに裸で入ってみよう、という発想がＭａｃチーム内で生まれるのも、驚くには当たらない。なにしろスティーブは、アップル社内を歩きまわり、常識の殻を破って突き進む勇気のある者をスカウトしていた。プールでの奇抜な行動は、スティーブの人選が成功しつつある証拠かもしれなかった。

チームづくりの要素

カーメル・インでビジネス合宿を始めるにあたって、まず、到着したチームメンバー全員におそろいのTシャツが手渡された。胸のところに、のちにＭａｃチームの象徴として広く知られる、こんなスローガンが印刷されていた。

海賊になろう！　海軍に入るな。

このフレーズをどこから考えついたのか、スティーブにたずねたことはない。しかしいま思うと、故ジェイ・シャイアットがつくったのかもしれない。ジェイはきわめて才能あふれる人物で、広告代理店シャイアット・デイ社の創業者のひとりだ。同社は、長年にわたって、スティーブとアップルに魔法のような宣伝効果をもたらすことになる。

けれどもいずれにしろ、これをキャッチフレーズに掲げて仲間たちの意欲を刺激しよう、と決めたのはスティーブだ。この「ときの声」を利用すれば、チームの結束が強まり、おたがいを信頼し合うようになると考えた。

事実、大成功だった。プロジェクト内の担当分野が違ってふだん顔を合わせないメンバーもいるので、交流を図るには、ビジネス合宿が絶好の機会になる。いつもの職場を離れて触れ合うこ

Why
join the
navy
if you can be a
pirate?
Steve Jobs

海賊になれるのに、海軍に入る意味なんてあるのか？

とで、絆が深まって、チーム全体に連帯感が生まれる。まる三日間、ともに食事し、遊び、ブレインストーミングをやって、みんなが親密になった。

スティーブは心のこもったスピーチをして、メンバーたちの非凡な才能をたたえ、革命的な製品をつくるうえで重大な役割を果たしているという気分をあおった。

アップルにいるあいだ、わたしはこの海賊Tシャツのたぐいをいくつ見たか知れない。アップルという会社は何かにつけておおげさに祝う。製品のなんらかの節目、目標の達成、売上げの増加、新製品の発表、主要メンバーの加入……。製品が何周年かを迎えたり、何かを成し遂げたりするたびに、Tシャツやスウェットシャツをつくるのが、アップルの決まり事として有名になった。わたし自身の手元にも、たまりたまって百着はあると思う。なにしろ、アップルのTシャツの写真ばかりを集めた大型豪華本まで存在するほどだ。

製品を中心にした少数気鋭チーム

プロジェクトによっては、並々ならぬ熱意と集中力が必要で、そんな条件をかなえるためには、有能な人材を少数集め、ふつうありがちな制約を取り払って自由に働かせるべきだ。スティーブはその点を本能的に知っていた。環境を整え、正当な勇気を原動力にしていれば、海賊は、海軍には絶対にできないことを成し遂げられる（やがてスティーブは、あらゆるプロジェクトチームにこの姿勢を求めるようになる）。

Ｍａｃ開発チームの規模は大きくなっても百人以上にはしない、とスティーブは早くから決めていた。「何か特定の技能を持つ人物を雇わなければいけないとなったら、その代わり、誰かに抜けてもらうしかない」と彼は言った。人数が増えすぎると、組織内の意思疎通がスムーズにいかなくなり、結果、すべてが速度低下しかねないためだ。しかしあえて、「百人以上になると、名前を覚えるのが大変だからね」と説明していた。簡素さを重んじる、仏教の信仰にもとづいた方針だろう。

いずれにしても、この判断は正しい。組織の規模が大きければ、重複の恐れが出てくるし、物事を承認する手順が複雑になりすぎ、コミュニケーションやアイデアのやりとりに妨げが生じてしまう。アップル社内のほかのところでは、すでにこの種の問題が生じていた。同じ事態に陥りたくないと、スティーブは考えた。それどころか、当時からこう語っていた。「Ｍａｃを成功させることで、この新興企業みたいなこぢんまりしたチームが効果的だと証明してみせ、こうした製品中心の小さなチームづくりをアップル社内全体に広めたい」

「海賊」という呼び名は、製品の位置づけだけを指しているのではない。スティーブが求める、型破りで自由かつ革命的な精神を言いあらわしている。彼はたびたび、アップルの将来について不安を口にした。規模が大きくなるにつれて、面白みのない月並みな会社になってしまうのでは、と心配していた。

それだけに、エンジニアのみならず、営業から経理、製造にいたるまで、関係者すべてに高い水準の働きを期待した。たとえば、月面に三人の男を立たせることができたのは、未来に視野を向けた数多くの人々が創造力を結集したからであり、同じように、Ｍａｃチームのひとりひとりが貴重な歯車として貢献しながら、最終的な目標に到達する、というかたちをスティーブは思い描いていた。

それこそが、製品中心のチームの組織風土だ。アップルが力強いアイデアや刺激的な製品を生み出し続け、働きがいのある企業として存続していくためには、そういう企業体質が欠かせない。

Ｍａｃチームが驚くほど強い仲間意識で結ばれていた大きな理由は、スティーブが盾になって、社のほかからの影響を受けないように遠ざけていたせいだと思う。いわば自給自足のＭａｃチームは、デザイナー、プログラマー、エンジニア、制作担当者、マニュアル作成者、宣伝広告スタッフなど、全部をみずから賄《まかな》っていた。一日十六時間働かなければいけない恐れもあるような状況のもと、小さな製品グループに所属するメリットは、ほかのメンバーと親密な関係を築けることだ。その代わり、まわりと親しいぶん、責任感も生じる。個人的な問題として、みんなと歩調を合わせなければと、強い思いを持つ。

この先、アップルは体質の改善に取り組んで、経営構造をもっとはるかにシンプルにして、承認に要する過程を減らし、一つひとつの意思決定にかかわる人数を少なくしていくべきだ。スティーブはそう考えた。

わたしに向かって、よくこんなふうに言っていた。「アップルは、誰でもふらりと立ち寄って、CEOにアイデアを伝えられるような場じゃなきゃいけない」。スティーブの経営理念を端的にあらわす言葉だろう。もっとも、彼が何もかも最初から心得ていたわけではない。どうすれば、まるで自分の会社、自分の製品であるかのような気持ちをめいめいに持たせ続けることができるだろうかと、わたしとふたりで、はてしなく議論を交わしたものだ。

ビジネス合宿の効用

カーメル・インでのビジネス合宿の締めくくりとして、参加者全員にアップルのロゴ入りのグラスが二個ずつ配られた。わたしも含め、入社まもない者や、Ｍａｃチームに加わって日が浅い者は、初めての合宿を終えて、いよいよ本当にチームの一員になれたという実感を覚え、意欲満々で帰途についた。誰もかれも、非常に前向きになっていた。わたし自身、かねてからビジネスのいろいろな会合に参加してきたものの、このときの素晴らしい体験はほかとくらべものにならない。Ｍａｃの開発プロジェクトを前進させることができたのはもちろん、仲間意識が強まり、おたがいに敬意が芽生え、支え合って一つになりたい気分が盛り上がった。

この合宿でも明らかなとおり、スティーブは、「チームづくり」というありきたりな行為を芸術の域にまで高める達人だ。ビジネスの決まりきったやりかたを、別物につくり替えてしまう。手がける製品や率いるチームに魔法をかけるのと同じように、話し合いの場をきわめて有意義なものにする。会議は、製品を開発するうえで欠かせない大切な要素だとみている。

スティーブは、ビジネス合宿という手法がとても気に入っていた。製品開発のスケジュールに組み込んで、三カ月おきぐらいに、Ｍａｃチーム全員が参加する合宿をおこなった。遊びやリラックスのための時間もたっぷりとってあったものの、綿密な計画にもとづいて、まじめな話し合いも数多く開く。チームのメンバーはひとり残らず出席する決まりだった。スタンフォード大学院でＭＢＡの資格をとったデビ・コールマンが、スケジュール進行に目を光らせた。ふだんはＭａｃの開発予算を管理している人物だが、合宿中は、話し合いがきちんと順序よく進むように気を配った。

まず、各グループ——ハードウェア、ソフトウェア、マーケティング、営業、経理、宣伝——のリーダーが、ひとりずつ、手短かに現状報告をして、開発スケジュールのどのあたりかを説明する。予定より遅れている場合は、どんな壁にぶつかっているかを明かしたうえで、遅れを挽回する策について述べる。もし提案があれば、ほかの人が口をはさんでもかまわない。ようするに、問題点を堂々と打ち明けて、みんなで知恵を合わせて解決していく狙いなのだ。Ｍａｃにまつわる問題は、あくまで全員の問題であり、特定の誰かの責任ではない。

海賊の親玉としてのリーダーシップ

スティーブはいわばサーカスの団長で、ムチを振るってはっぱをかける役だった。それぞれのグループの報告を聞きながら、自分が求めているようなレベルの高い作業が実際に進んでいるかどうかを見きわめていた。じつにさまざまな人物の非凡な創造力を組み合わせて、調和のとれたかたちへ導いていった。スティーブを取り巻く人々は、彼の流儀や思想にあてはまる者に限られていて、彼のリーダーシップをこころよく受け入れた。

ただし一方で、スティーブは、オープンな議論をおおいに奨励していた。やりとりが白熱する場面も少なくなかったが、笑いに包まれるときもかなりあった。スティーブがきわめて不機嫌になるのは、メンバーの誰かが正直にものを言おうとしないときだけだった。討議が熱を帯びたとしても、全般的には礼儀をわきまえた雰囲気だった（当時を振りかえるほかの本では、違うふうに書いてあるかもしれないが）。もちろん、誰かの発言が的外れだと思えば、スティーブは遠慮なく鋭い指摘を入れた。Ｍａｃに関して深い知識を持つだけに、ほとんど何一つ見逃さない。また、まったくばかげている、大切な事柄を知らずにいる、などと感じた場合は、たいてい容赦しない。

わたしが過去に勤めたほかの一般企業では、ビジネス会議といっても、組織の序列を重んじて進行されるのがふつうだった。もしトップの人間が「この牛は紫だ」と言えば、「いいえ、この動物は牛じゃないし、色だってオレンジですよ」などと反論する者はまずいない。だが、スティーブはそういうおざなりな状況を嫌った。別の意見があるなら堂々と言うべきだと考えていた。理にかなった正当な指摘であれば、どんな低い階層のスタッフから提示される提案や批判だろうと、耳を傾けた。

あるエンジニアは、こう証言する。「会議や議論を始めるとき、たいがい、スティーブは挑発的な厳しい態度をとります。でも、相手が間抜けではないと判断すると、あとはなごやかになるんです。全社会議でもそうでした。始めるにあたっては、鬼軍曹のように何か口うるさく言って、場の雰囲気を引き締めるんですが、だんだん、部下たちの意欲をかきたてる姿勢に変わっていくわけです」

何年も経ってから、かつてアップルの幹部だったジャン＝ルイ・ガセーが、スティーブの経営スタイルを印象的な表現でほめたたえた。「民主主義は偉大な製品をつくり出さない。リーダーは有能な暴君であるべきだ」。配下で働いていた人々はスティーブを恨んでいないし、少なくとも、彼のスタイルを受け入れていた。スティーブが暴君だとしても、あくまで、製品をめぐる暴君であって、思い描く製品を完成させようと夢中だったからだ。

海賊にもリーダーがいないと困る。それに、企業の最高責任者、ボスの中のボスである以上、取り澄ました「ジョブズ氏」よりも、血がかよった素の「スティーブ」のほうが望ましい姿といえるだろう。命令を出す身ではあるものの、スティーブは、同じグループの一員だという立場を明確に打ち出していた。たしかに、異常なほど頻繁にメンバーのようすを見回って、鋭すぎる質問、ときには相手を狼狽させるような質問を繰り出した。とくにエンジニア陣は、少しばかり、幼稚園児あつかいされている気分を味わったかもしれない。

しかし重要な点は、スティーブが執務室にじっとすわったまま命令を下したりしなかったことだ。スティーブは現場にいた。いわば炭鉱の中に入って、ほかの仲間のすぐそばで働いた。メンバーそれぞれのもとに立ち寄るたび、質問を発するたびに、驚くべき熱意で開発にかかわっている事実が、周囲にじゅうぶん伝わっていった。Ｍａｃを偉大な製品にするために、ほんの細部にいたるまで、ありとあらゆる面に気を配っていた。日々、自分の姿勢を行動で裏付けていた。不満を示すときも、「すべてが重要」「成功は細部に宿る」という信念にもとづいていることがつねに明らかだった。

当然ながら、スティーブの場合、メンバーの意欲をはかる基準の一つは、労働時間の長さだった。とくにＭａｃチームのプログラマーやエンジニアに関しては、どのくらい長い時間を注ぎ込む意欲があるかを熱意のあらわれとみなしていた。一日十六時間？　けっこう。週末もずっと働く？　そりゃあ、いい（スティーブがのちに仕事をともにする、ディズニーのある幹部は、創造的な仕事ぶりで成功しているが、人にとても厳しく、周囲にこう言ったらしい。「土曜日に出勤する気がないなら、日曜日は出勤するにおよばない」。つまり、二度と帰ってくるなという意味だ)。

自分はいま、業界の行方を、いやおそらく歴史の行方までも変えようとしている、と本気で信じるのなら、途方もなく長い時間働くことも苦ではないだろう。特別な使命を帯びた者と自負して、しばらくのあいだ、人生のほかの要素をあきらめるほかない。

いつものようにエンジニアたちの開発現場に立ち寄ったあとの帰り道、スティーブはわたしを見つめて言った。「あの連中が、僕のことで文句を言ってるのは承知してる。だけど、将来いつか振り返れば、いまこの時期が人生最高のひとときだったと思うだろう。連中はまだそれに気づいてないだけだ。でも僕にはわかってる。いま、ほんとに素晴らしい時間を過ごしてる、ってね」

わたしはこたえた。「なあにスティーブ、みんなだって、ちゃんとわかってて、おおいに楽しんでるさ！」

判断ミスを教訓に変える

さすがのスティーブも、人の評価を誤ることがある。たとえば、ある人物の手腕をあまりにも過大評価したせいで、あやうく、Ｍａｃの開発にたいへんな被害がおよぶところだった。

Ｍａｃに組み込むフロッピーディスクドライブを検討していたときの話だ。スティーブはふだん、最新のコンピュータ部品にいち早く目をつけて、積極的に採用する。だが、ディスクドライブの選択肢はかなり限られていた。Ｍａｃの重要な一部として組み込むには力不足のものばかりで、どうしても適当な製品が見つからなかった。

そんなある日、スティーブがひとりのドイツ人を連れてきた。ヒューレット・パッカードで働いていた非常に頭の切れる男性で、フロッピーディスクドライブにくわしく、スティーブはそうとう惚れ込みようだった（申しわけないが、彼の名前はもう忘れてしまった）。

そもそもスティーブは、特定の製品分野に精通した専門家を好む。さらに重視するのは、自分の持つ未来像に賛同してくれる人物であるかどうかだ。この点は大きい。なんらかの中心的な役割を割り振る際には、必ず確認をとる。おおまかな理念や方向性がまちがいなく一致している相手なら、個別の問題について意見が合わなくても、スティーブは腹を立てたりしない。

しかしこのドイツ人に限っていえば、信頼しすぎが裏目に出て、スティーブは、のちに「自社開発主義症候群」（何もかも自分の会社でつくらないと気が済まない心理状態）と呼ばれるたぐいの失敗に陥った。スティーブはその男を雇って、Ｍａｃ向けに最新鋭のディスクドライブを独自設計しようとしたのだ。完成のあかつきには、シリコンバレーのどこか近くで製造する計画だった。

ＩＢＭにいたころ、わたしは、カリフォルニア州サンノゼの大きなディスクドライブ工場で上級責任者を務めたことがある。その経験をもとにいえば、ディスクドライブの製造など、専門外の会社が参入しようと考えるべきではない。回路基盤や部品の開発、精度の維持をはじめ、神経をとがらせなければいけない点が非常に多い。設計も製造も、気が遠くなるほど苦労する。読み取りヘッド一つとってみても、回転するディスクから髪の毛一本の距離で動作する必要がある。製造時の誤差はごくごくわずかしか許されない。まともに動くディスクドライブをつくるのは至難の技だ。

わたしはスティーブに忠告した。「ディスクドライブにはぜったい手を出さないほうがいい。よそから調達すべきだ」。Ｍａｃのハードウェア責任者、ボブ・ベルビルも、同じ提言をしていた。けれども、スティーブの決意は固かった。誰かの発案で「ツイギー」というコード名が決まり、独自のディスクドライブの開発作業が進んでいった。作業にかかわる人員は増え続けた。

わたしはボブと相談した。おたがいよく似た意見を持っていて、ボブが解決案を思いついた。ソニーがヒューレット・パッカード向けに三・五インチの新型フロッピーディスクドライブを開発し、すでに出荷中だった。ボブの部下のひとりに、ヒューレット・パッカードから移籍してきた者がいて、そのつてをたどれば、テスト用に一台貸してもらうこともできそうだという。

ほどなく、ボブが実際にそのディスクドライブを手に入れた。テストの結果、Ｍａｃに組み込めそうだった。さっそくインタフェースづくりに取りかかる一方で、ソニーと交渉を始めた。ソニー側は、アップル向けの部品提供に大賛成だった。

ツイギーの開発とソニー製品への対応が、並行して進められた。もちろん、ソニーの件はスティーブには内緒だ。必要に応じて、ボブが何度も日本へ出向いた。ソニーからも、ときおりエンジニアがクパチーノまでやってきて、技術上の詳細を詰めた。すべて順調だったある日、ソニーのエンジニアがボブの執務室にいるとき、聞き覚えのある声が廊下から伝わり、近づいてきた。

ボブはいすから飛び上がって、清掃用具の収納クローゼットの扉を開け、ここへ入れ、と必死に手招きした。気の毒に、そのエンジニアは完全に面食らった。話し合いの真っ最中、なぜいきなりクローゼットに隠れなければいけないのだろう？

けれども、ボブを信じて、中に隠れた。急いで扉を閉めたボブは、いすに戻って、忙しく仕事をしているふりをした。そこへ、スティーブが入ってきた。やがて彼が立ち去るまで、エンジニアは暗いクローゼットの中で息をひそめていたらしい。

その場面を想像するたび、わたしは思わず笑ってしまう。

数カ月後、Ｍａｃチームのある建物の会議室で、ツイギーの試作品が披露された。スティーブお抱えのディスクドライブ開発者が、テスト結果を明かした。彼は正直で、結果は悲惨なものだった。ツイギーはどう見ても大失敗だった。

スティーブの招集で、Ｍａｃチームのリーダーは開発側も実務側も全員集まっていた。こぞってツイギーの開発中止を要求した。スティーブがわたしを振り返って、言った。「ジェイ、ちょっとこの場を離れて、どうしたらいいか教えてほしい」

「いいとも。外に出よう」と、わたしは応じた。

いつものように、わたしとスティーブは散歩に出かけた。ただ、ふだんよりデリケートな散歩だった。スティーブはわたしを信頼して、正直な意見を求めていた。

「スティーブ、このプロジェクトは中止するしかない。ばかばかしい経費の無駄だ。ツイギーの関係者は、わたしが責任を持ってほかの仕事につける」

わたしたちは会議の場に戻った。腰を下ろしたスティーブが言った。「ジェイがプロジェクトの中止を決定した」。わたしは内心、責任を押し付けられても困ると思ったが、なるべく反応を示さずにおいた。「関係者については、きちんと全員を配置換えしてくれるそうだ。職を失う心配はない」

こうしてＭａｃチームはツイギーを断ち切った。完全に縁を切るかたちになった。約束どおり、わたしは人事部とかけあって、ツイギーチームの全員を社内の別の職務に割り当てた。

Ｍａｃはソニーのフロッピーディスクドライブを搭載して発売される運びになった。コストはおそらくツイギーの半額で、自社製造の経費もかからない。

ツイギーの失敗のあと、スティーブは、状況が正しければ、外部の供給業者をためらわず利用するようになった。最近では、製品をすばやく市場へ送り出すため、まずは外部の部品やソフトウェアを活かして、その後、アップル社内の独自開発に切り替えるかたちをとることが多い。

ツイギーは、スティーブに忘れられない教訓を残した。


ちなみに、このツイギーには後日談がある。「Ｌｉｓａ」を開発していた社内チームが、ツイギープロジェクトを復活させ、初代Ｌｉｓａにツイギーフロッピードライブを二つ搭載したのだ。けれども、Ｍａｃに採用を検討していたころの問題点は解消していなかった。ツイギーの低速さ、そしてなにより信頼性の低さに、ユーザーから非難の声が上がった。あまりに不穏な空気が高まったため、アップルはやむなく、初代Ｌｉｓａの購入者およそ六千人に対して、第二世代モデルへの無料アップグレードを実施した。こんどはツイギー二基の代わりにソニー製ドライブ一基を搭載していて、記憶容量は減ったものの、信頼性ははるかに向上していた。

ツイギーをあきらめる決断は、どんなにか辛《つら》かったにちがいない。しかしスティーブはやってのけた。明らかに正しい選択だった。

万能のマネジャー

スティーブの細部へのこだわりは、技術面やデザイン面にとどまらず、経理の方面にまでおよんだが、これが本人には頭痛の種だった。というのも、Ｍａｃチームの経理責任者、デビ・コールマンがたびたび修正を加えながら売上げの予測を出す一方、アップル全体の経理部門も独自の予測をおこなっていて、両者の数字はきまって食い違っていたからだ。双方で情報をやりとりし、同じデータを出発点にしていたにもかかわらず、いつも結論が異なっていた。起業家精神に満ちたデビは、かなり念を入れて、堅実な予測を心がけていた。けれども、社の最高財務責任者のジョー・グラジアーノと顔を突き合わせて、数字を見くらべてみると、毎回、大きな食い違いがあるのだった。各項目についていろいろな解釈のしかたがあるせいらしかった（少し話はそれるが、収支を見張る立場にありながら、ジョーの愛車は真っ赤なフェラーリだった。周囲に妙な誤解を与えるのでは、とわたしはずっと心配していた）。

ジョーと話し合いを開くたびに、わたしはむしろスティーブの有能ぶりに感心した。並たいていの最高財務責任者よりも、予測データの扱いに長《た》けていた。そのうえ、製品の完璧さを求めるときと同じように、強い態度でデータの完璧さを要求した。製品そのものと同じくらい、すべての側面が整っていなければいけない、というのがスティーブの持論だった。

作業空間にも工夫を

スティーブにとって、チームとは、たんに人の集まりをさすのではない。職場の環境も、チームの一部なのだ。空間が、チームの生産性に大きな影響をおよぼす。作業台や、パーティションで仕切ったスペースがただ並んでいる場所ではなく、オーラを、特別な雰囲気を生み出す場であるべきなのだ。

一九八一年、Ｍａｃチームは、バンドリードライブという道路沿いのビルに引っ越した。それまでは「ＡｐｐｌｅⅡ」チームの一部が使用していた建物だ。中央部に吹き抜けの大きなアトリウムがあるのが特徴的な、まだ新しいビルだった。

スティーブが正面玄関の近くに自分のオフィスを構えて、ほかのメンバーの小部屋は、彼のオフィスを取り囲んで、幾重もの弧を描くようなかたちだった。まるでスティーブがオーケストラの指揮者で、その前に演奏者が何列にも並んでいるようにも見えた。中央のアトリウムには、ピアノ、各種のテレビゲーム機のほか、果物ジュースのボトルが詰まった巨大な冷蔵庫が置かれていた。メンバーたちはまもなく、この場所で顔合わせをしたり、休憩時にくつろいだりするようになった。もう一つ、ここに飾られていたものがある。スティーブが所有する、ＢＭＷバイクの第一号モデルだ。骨董品ながら新車同様の状態で、すぐれたデザインと機能の象徴だった。もっとも、わたしに言わせれば、このチームにはひどく変わり者のリーダーがいる、という事実の象徴でもあった。

後年、このように快適な職場環境を整えている例として、ピクサーとグーグルがさかんにメディアで取り上げられるものの、先駆者は――ほかのいろいろな事柄と同じく――スティーブ・ジョブズなのだ。

さて一方、仏教徒にあるまじき話だが、引っ越しに先立って、スティーブはわたしに突拍子もないことを言いだした。祈祷師を呼んで、建物の悪魔払いをしたい、と。まったくの大まじめだった。あたかも、ＡｐｐｌｅⅡチームがけがれていて、邪気を残していったかのような物言いだ。

悪魔払いの儀式をやったなどと誰かに知れたら、さんざん笑い者にされ、社内のほかの部署からいちだんと浮いてしまう。わたしは気が気ではなかった。さいわい、スティーブは結局、理性に耳を傾けたのか、実行には移さなかった（もちろん、わたしをからかっただけかもしれない。ただ、多少ともＭａｃにかかわる件では、スティーブはめったに冗談を言わなかった）。

企業文化、古いスタイル

いま振り返ると、わたし以外のメンバーは若かっただけに、スティーブがつくったＭａｃチームの文化がいかに型破りだったか、気づいていなかったのではないだろうか。わたし自身は、こんなふうに「海賊」を名乗る姿勢がそれまでの職場とくらべてあまりにも違うと、ことあるごとに痛感させられて、楽しかったし、ちょっとした奇跡のようにさえ思えた。

前にも書いたとおり、わたしは長年、多くの天才たちに囲まれてすごしてきた。たとえばＩＢＭにいたころも、社内には本当に優秀な人々があふれていた。にもかかわらず、ほとんどのスタッフは、実際の製品からはるかに離れた立場に置かれ、いまこの仕事は何をめざしているのか、見失うケースが多かった。当時のＩＢＭは世界で四番目か五番目に大きな企業で、四十万人の従業員を抱えていた。おそらく大半は、このような経営方針にとくに不満を持っていなかったと思う。しかし、社内で幹部研修プログラムを受けたあとも、わたしにはどうしてもなじめなかった。典型的な企業幹部の考えかたにはついていけなかったのだ。

ある長い休暇のあと、わたしは、ひげを生やしたままで職場に復帰した。すると上司たちから、理解しかねる、という目で見られてしまった。スーツ、ワイシャツ、ネクタイと、服装はいたってＩＢＭ社員らしいのに、なぜ、ひげなど生やしてだいなしにするのか、と思われたらしい。

同僚たちがよくこんな陰口を叩いていた。「うちの会社には、たくましい野生のカモがたくさんいる……ただ、カモってやつは、飛ぶときはいつも、きれいに群れをつくるんだ」

経営陣がいっこうに新しい製品分野に興味を示そうとしないため、わたしのいらだちは募《つの》るばかりだった。ある日、上級幹部の会議に出席してテーブルを囲んでいたとき、わたしの提案を聞いたフランク・ケアリー会長が、こう言った。「ＩＢＭは超大型タンカーだからね。巨大で、小回りがきかない。いったん進む方向を決めたら、簡単には変えられないわけだ。曲がるには三十キロメートル、止まるには二五キロメートル必要になる」

これを聞いた瞬間、わたしは自分がこの会社に向いていないと悟った。

アップルに入って以後は、路線を決めるだけの虚しい職務だなどと感じたことはない。わたしの関心はまちがいなく実務面にあって、きちんとした計画を練り、それを手際よく実践して、円滑な運営を心がけるのが専門だったが、このＭａｃチームがめざす新しいコンピュータの意義をごく早い段階でじゅうぶん認識できていた。製品のあらゆる要素に集中力と熱意を注ぎ込むスティーブの姿は、それまでよそで見た覚えのないものだった。わたしは心から共感を覚えた。

大金持ちになっても、変わらない働きができるか？

もし宝くじで大金が当たったら、ほとんどの人は、すぐに会社を辞めて、二度と働こうとしないにちがいない。急に大金持ちになったとして、あなたはどうだろうか。

一九八〇年のクリスマスの二週間前、スティーブをはじめ、社内の多くの従業員は、とてつもなくビッグなプレゼントを手に入れた。アップル・コンピュータの株式公開にともない、後年の「iPod」や「iPhone」の発売時にも似た、熱狂的な購買ブームが巻き起こったのだ。最初の一時間で四百六十万株が売れた。初日の終わりには、早くも、三十年近く前にフォード自動車が株式を公開して以来の大成功と目されるほどだった。

たった一日のうちに、スティーブは、自力でのし上がった者としては世界でも有数の富豪になった。彼はよくこんなふうに話していた。「僕の値打ちは、二十三歳のとき百万ドル、二十四歳のとき一千万ドル、二十五歳のときには二億ドルを超えたんだよ」

前年、ゼロックスがアップルに投資した（この際の条件の一つとして、スティーブらがPARCの見学を許され、業界の歴史を変える結果になる）。投資の決定を下したゼロックス側のふたりが相応のほうびをもらったことを祈りたい。なにしろ、ゼロックスの持つ百万ドル相当の株式は、突如、三千万ドル近くに跳ね上がったのだ。

しかし驚くべきことに、急に大金持ちになっても、スティーブにはべつだん変わったようすがなかった。いまや億万長者になって、フォーチュン500企業の創業者のひとりであり会長でもあるのだが、あいかわらず、Tシャツにリーバイスのジーンズ、ビルケンシュトックのサンダルという服装で出勤していた。

たしかに、銀行家などと会うにあたって印象をよくしたい場合、ときにはスーツを着用するようになった。けれども、お金や財産についてはまったくといっていいほど話さなかった。すでにスティーブは、家を一軒、メルセデスのクーペを一台、ＢＭＷのバイクを一台持っていた。ＢＭＷバイクは、一年前にベンチャー投資集めに成功したとき買ったという。ハンドルにオレンジ色の飾り玉が付いていた。スティーブにしてみれば、数少ない欲しいものはもうみんな手に入っているのだった。

飛行機を使う際にはファーストクラスに乗ったが、それはアップルのしきたりだった。当時は、幹部や管理職者にかぎらず、エンジニアやエリア・アソシエート（アップルでは秘書をこう呼ぶ）など、全社員がファーストクラスを利用していた。会社として現金をたんまり蓄えていたので、健康保険もなく、医療費がかかった場合は――ちょっと風邪を引いただけでも、大手術でも――請求書を提出すれば、アップルが払ってくれた。

スティーブにとって仕事とは、お金をもうけて引退するための手段ではなかった。金もうけなど、めざしていない。自分の海賊チームを率いて、偉大な製品をつくることが目的だった。年がたつにつれて、スティーブはますます金持ちになっていくが、現在でも、卓越した製品をつくる情熱を失っていない。

海賊の一員として

思えば、スティーブが熱心にわたしをアップルに誘ってくれ、おまけにＭａｃグループに入れてくれて、本当に良かった。元来、海賊タイプの人間だったのだが、スティーブからこの呼び名を聞いて初めて自覚した。ＩＢＭ時代に貼られていたレッテルは「野生のカモ」だった。実務や製品やリーダーシップに関して、ときおり周囲と違う意見を示したせいだろう。また、社内での駆け引きや管理主義が大嫌いだったから、アップルでは、配下のメンバーが型にはまった考えかたにとらわれないように、つねに注意を払った。逆にＭａｃチームのメンバーからは、信じられないほどの熱意を見せつけられ、刺激を受けた。

出会ってまもなくわかったが、スティーブは、最高レベルの人材を探し出してきて、できるかぎり契約を結ぼうとする。わたしがちょうど職を求めていたタイミングでめぐり合い、彼の高い基準に照らして認めてもらえたことは、わたしの人生の中でも指折りの、素晴らしい出来事だった。

アップルで過ごした結果、わたしは、「この先どんな仕事をするにしても、部下たちに新興企業の海賊という心意気を植えつけるように努力し続けたい」と思うようになった。海賊は、リーダーから求められる高い水準を受け入れる。完璧さを要求されて当然と考え、その実現のために力を尽くす。

4　人材の活用

もしあなたが新しい学校を開くとしたら、可能なかぎり最高の教師陣を揃えたいはずだ。馬術競技会の選手向けにウェブサイトを開設するとすれば、新旧のメダリスト級の有名選手をスタッフに加えたいだろう。どんな場合も、優秀な人材を雇うに越したことはない。

言うのは簡単だが、実行はなかなか難しい。ところが、スティーブ・ジョブズの成功要因の一つは、配下の人材の優秀さにある。壁にぶつかるごとに、彼は非凡な才能の持ち主を見つけ出す。以下に挙げるいくつかの例を見れば、これほどまでの業績を残せた背景がわかるだろう。

すぐれた人材を見いだす第一歩は、その人物のいままでの業績を検討することだ。特定のプロジェクトなり会社全体なりが必要とする分野や技能に関して、すでに実力が証明された跡がないかを調べる。ここまでは言うまでもない。履歴書を書いた経験や読んだ経験、すでに人を雇った経験があれば、誰でも心得ているはずだ。もっとも、当時のアップルでは、履歴書は世間一般ほど重視されていなかった。

プロジェクトに対する意欲を重視

Ｍａｃの開発初期、スティーブの経歴の中でもとびきり面白いかたちでスカウトした人物がいる。彼のやりかたを簡潔に示す好例だ。

ある日、ソフトウェアエンジニアのアンディ・ハーツフェルドが、スコッティ――アップル社長のマイク・スコット――から呼び出しを受けた。アンディは青くなった。つい数日前、「会社の売上げが目標に到達せず、経費削減の必要が出てきた」との理由で、スコッティが社内のエンジニアのなんと半数を解雇したばかりだったからだ。この衝撃的な出来事は「ブラック・ウェンズデー」と呼ばれている。アンディを含め、生き残ったエンジニアは、仕事に不満と不安を感じていた。

ところが、スコッティに会いに行ってみると、予想外の通告を受けた。きみにはぜひ残ってもらいたいので、残留の意欲が湧《わ》くプロジェクトを選んでくれ、という内容だった。アンディは、Ｍａｃチームに入りたいとこたえた。親友ふたり――バレル・スミスとブライアン・ハワード――が、先だってＭａｃチームに加わったせいもある。とりあえずスティーブに会ってみてほしい、とスコッティが言った。

話を知ったスティーブが、先手を打って接触してきた。あとでわたしがアンディから聞いたところでは、スティーブはいきなりこう切り出したという。「きみは優秀かい？　Ｍａｃの開発には、本当に優秀な人材しかいらないんだ。きみがじゅうぶん優秀かどうか、まだわからない。……クリエイティブだと聞いてるけど、本当にクリエイティブなのか？」

アンディは気を悪くするどころか、堂々と受けて立ち、自分はMac開発プロジェクトにきわめてふさわしい人間であると明言した。あとでもう一度来る、とスティーブは言い残して去った。

ものの二時間後、ふたたびスティーブが現れて、祝福の言葉を口にした。晴れてアンディはMacチームの正式なメンバーとなったのだ――この瞬間からすぐに。

やりかけの仕事を片付けたいので二、三日待ってください、とアンディは頼んだ。しかしスティーブは待とうとしない。アンディのコンピュータの電源を引き抜いて、建物の外へ運び出し、銀色のメルセデスの後部座席に積み込んでしまった。アンディのほうは、うろたえ気味にあとからついていくしかなかった。その車でMacチームの本拠地、テキサコ・タワーズへ向かった。スティーブンズクリークとサラトガ・サニーベールロードの角にある建物だ。道すがら、スティーブははっきりと請け合った。コンピュータ業界の歴史上、Macは最高の製品になる。

スティーブの率直さと、製品への惚れ込みように、アンディは感心した。

彼がすばやい決断を下したのは、ひと足早くMacチームに入ったバレルとブライアンがアンディを推薦したせいもある。いったん人物評価を固めると、スティーブはためらって時間を無駄にしたりしない。ここでの判断も正しかった。アンディは、Macチームの中でもとびきりの重要なメンバーになった。

採用の可否には直感も大きく作用するが、スティーブは、綿密に裏をとることも忘れない。たとえば、弁護士のナンシー・ハイネン――のちにアップルの最高顧問弁護士になる女性――の面接時、スティーブは、きみが過去につくった契約書をいくつか見せてくれ、きみの美学のよしあしを判定したいから、と言った。

スティーブの面談が終わったあと、さらにわたしが志願者と話すときもあった。そんな折りにわかったのだが、ほとんどの志願者は、スティーブの面談を採用面接とは感じていなかった。むしろ、大学の講義か、ベンチャー投資を募るためのスピーチのような印象らしい。アップル製品についてスティーブからひとしきり解説を聞かされたあと、卒業試験として、志願者が「わたしはＭａｃやチームに対してどんな貢献をするか」というテーマで思いを述べる運びになる。

知能指数の高い人のみ採用

採用の際、スティーブは、志願者の能力の有無に加え、アップルに強い愛情を持っているか、ベンチャー企業的な張り詰めた環境の中でたくましく生き抜いていけるかを重視した。今日なら、志願者の多くがウェブ上にいろいろな自己紹介データを載せているので、適切な人材かどうか見きわめやすい。けれども、いうまでもなく、Ｍａｃ初期のころはそんな便利なものは存在しなかった。

わたしが出会った当初から、スティーブは自分なりの判断で選んだ人々だけを身のまわりに置きたがった。選定の基準は、三桁の知能指数を持ち、まぬけではないことだ。基準に満たないように思える人物といっしょにいると、スティーブは非常に落ち着かない気分になってしまう。少々厄介なことに、その不愉快な気分を彼は隠そうともしない。もしスティーブから、優秀、有能、貢献度高し、とみなされれば、こちらの意見を自由に言えるし、彼のプランよりもっとよさそうなアイデアを提案すると、耳を傾けてくれる。ところが逆に、スティーブにまぬけの判定を下されたら、耳をふさいで、さっさと退散するにかぎる。

優秀か、まぬけか。グループ分けは二つしかない。ただスティーブの場合、いかに優秀な人物だとわかっていても、うっかり水準以下の発言をしたときは、すぐさまレッテルをまぬけに貼り替える。ほかの人たちが同席していても、おかまいなしだ。もちろん、翌日には——ことによると、同じ日の午後のうちに——失言は水に流して、もとの評価に戻す。相手はいちどは傷つくものの、対処法を覚えていく。

今日まで合計すれば、スティーブがみずから採用を決めたスタッフの数は、のべ数千人にのぼるはずだ。それでも、人を雇う難しさは変わらないと思う。面談の時間は限られているから、志願者について本当に知りたい情報をすべてつかめるわけではない。だからスティーブは、志願者が質問に何とこたえるかより、どんなふうにこたえるかを重視する。なによりも、その志願者がアップルに本気で心酔しているかどうか、確証をつかもうとする。

しかし、スティーブひとりが全員を雇っているわけではない。採用のコツを、うまくいっている作業グループから組織全体へ広めるには、どうすればいいのか。わたしたちは悩んだ。四苦八苦のすえ、文章のかたちにまとめて、「アップル・バリューズ」（アップルの企業文化をしるした書類）にあらたな一枚を加えた。わたしは、できあがった書面を社内の各方面に送付した。世界中のあちこちに新しい施設が増えていたので、わたしはみずからアメリカ国外、とりわけヨーロッパにたびたび出向いて、本社と同じ厳しい採用基準が世界各国に定着するように努めた。そのあとも引き続き、ありとあらゆる関連施設を訪れて、世界中で同じ方式、同じ価値観が使われるように気を配った。採用担当者についても、ひとりひとりチェックして、同じ基準を習得させた。

隠れた能力の発掘

パーソナルコンピュータの新しい時代を切り開こうとしていただけに、特異な才能を持つ者がもっとほかにいないかと、スティーブはいつも目を光らせていた。超一流の技術者がもうひとり必要と考えて、わたしに人材探しを頼んできた。さっそく手配したところ、あるヘッドハンターからボブ・ベルビルの履歴書が送られてきた。ＰＡＲＣでオフィスプリンタ開発の責任者を務めている人物だった。コンピュータシステムについて驚くほどくわしい。三十代なのに、ぱっと見は十三歳かと思うほどだった。面談にやってきた彼に、スティーブはこう言った。「きみは有能だと聞くけど、きみがいままでつくってきたものは、全部ぽんこつだ。うちで働くといい」。いきなりの悪口にもめげず、ボブはアップルに入った。

もとからいるＭａｃチームのエンジニアたちは、天才ではあるものの、全体的な視点に欠けていた。その点、ボブは違った。いろいろな場面で、エンジニア陣とスティーブの板ばさみになることがあったが、穏便かつ効率的に説得し、みんなを自分のやりかたに従わせた。スティーブに説得を試みるときは、言葉で説き伏せようとはしなかった。非凡な才能を活かし、模型なり、試作品なりをつくって、アイデアを目に見えるかたちで示した。

落ち着いた説得方法のおかげで、ボブはとても首尾よく周囲の人々をあやつれた。聡明な頭脳を持っていたが、知識を武器にしようとはしなかった。目標はあくまで、正しい結論を生むことだ。そして実際、たいがいは成功した。

わたしと手を組むケースも多かった。しょっちゅうわたしのもとを訪れ、スティーブを説得する方法についてアドバイスを求めてきた。ボブは入社時から一貫して、エンジニアたちとスティーブとの調停役というだいじな役割を演じた。わたしのほうは、Ｍａｃチームとほかの部署との調停役だったわけで、ふたりの立場には共通項が多かった。

人材を活用するには、過去の履歴書情報にしばられず、それぞれが秘めた才能を引き出してやることが大切だ。ボブはその典型例だと思う。各自が組織にどんなメリットをもたらしてくれるのか、じゅうぶん理解してやる必要がある。

製品を人材の呼び水に

スティーブがアップル製品にありあまるほどの愛情を持っていたおかげで、製品そのものが呼び水になり、世界レベルの才能の持ち主が入社した例も少なくない。スティーブは、一般消費者向けのグラフィカルなコンピュータ技術を構想する力だけでなく、そういう未来像を現実化するために必要な人材をひきつける力も併せ持っている。

人材とは、エンジニアにかぎらない。当時よりも最近のほうが顕著だろうが、スティーブは、エンジニアと同じくらい、デザイン関連のスタッフも重んじている。

アンディ・ハーツフェルドがピッツバーグに住んでいたころの高校の同級生に、スーザン・ケアという女性がいて、成人後はグラフィックデザイナー、一流アーティストとして活躍していた。Ｍａｃチームの画面表示用のアイコンをデザインする適任者が必要になってきたとき、アンディがこの女性の名前を出した。さっそく面談を済ませたスティーブは、ハイテク分野での経験が少ないのが玉にきずだが、彼女の才能、熱意、ひらめきはそれを補ってあまりある、と結論した。こうして彼女はＭａｃチームの主要メンバーとして迎えられた。

二十年ほどたった後日、スーザンは、スティーブの印象をこう語っている。「批判的で厳しくて……あらゆる側面を探ろうとしているみたいでした」。ただ、「いったんアイデアが気に入って満足すると、こちらを素晴らしい気持ちにしてくれるんです」

ある週末、スティーブは、サンフランシスコの「チャオ」というレストランで夕食をとり、メニューに描かれたピカソふうの絵に心を奪われた。月曜の朝、会社に着くとすぐさま、いかにみごとなイラストだったかを熱弁した。もちろんスーザン・ケアにもこの話を伝えた。スティーブの提案と、さらには彼の情熱に触発されて、スーザンは、Ｍａｃの各部にくまなく、シンプルで的を射たデザインをほどこした。明快なアイコン（たとえばゴミ箱アイコンを思い出してほしい）をはじめ、フォント、本体デザインの外観や色など、あらゆる面を工夫した。

Ｍａｃの画面表示の大まかな方向性は、スティーブがたまたまチャオで食事した夜に決まったといえる。それを受けて、スーザンがアイデアの宝庫を開き、次から次に具体的なものを提示した。スーザンの力添えがあったからこそ、スティーブは、人の目を楽しませてくれるうえ、デザインで世界から賞賛を浴びるようなコンピュータをつくりあげることができた。美しさは、スティーブにとってカンフル剤であり、ＬＳＤだった。

アップルならではの特徴的なデザインは、スティーブのチャオでのひらめきが土台になったわけだが、意図をくみ取って実用化したのはスーザンだ。世界中の人々の目をひく製品をつくるという喜び——それが、今日でもスティーブの人生を支えている。いくら往年のＩＢＭ ＰＣよりはるかにましだとしても、ＡｐｐｌｅⅡのようなただの箱型のデザインには、スティーブはもう二度と満足しないだろう。そして彼はいまも、いや永遠に、スーザンのような天才を、才能と芸術性でみんなを奮い立たせるメンバーを、求め続けている。

どんな製品チームにも、少なくとも数人、本当に創造性ゆたかな人物が必要だ。「人と違う発想（Think different.）」をきらめかせ、ほかのスタッフの手本になる者がいなければならない。

才能は才能を呼ぶ

すぐれた人物を見つけたあと、とてもありがたいのは、その人物がまたあらたな才能を呼び寄せてくれることだ。同じように優秀で同じような価値観を持つ者と知り合いである可能性が高い。腕利きの海賊には、たいがい、同レベルの友人や親戚がいる。よくスティーブは言っていた。「優秀なエンジニアは、ネズミ算式に増える」

わたしとスティーブは、Ｍａｃチームに適切なメンバーが集まるように、いくつか工夫をほどこした。まず、推薦した知人が採用となった場合には、五百ドルのボーナスを出すことに決めた。また、新規加入メンバーは必ず、従来メンバーの誰かひとりとペアを組ませて、仕事を覚えさせた。さらに、過去二年間に雇った中からとくにすぐれた者たちを選りすぐって、各自の出身校にいるめぼしい人材をOBの立場でスカウトしてもらった。

雇うならA級を

採用候補者と面談する際、スティーブは、「この人物はチームに噛み合うか？」というやや変わった角度から入る。製品を隅々まで知る彼だけに、どんな者が開発チームにふさわしいかをあらかじめ頭の中に思い描いている。その人物が生み出す作品は、スティーブの入念なチェックにも耐える出来でなければならないし、その人物は、製品をとことん磨きあげるためなら辛らつな批判も我慢できるようでなければいけない。

スティーブは、固定観念や偏見や紋切り型にしばられない。面談をどう進行するかは決めずに本人に会う。もしかすると、つねに初心をもって物事にのぞむという仏教の考えかたと関係があるのかもしれない。見慣れたものをあらためて新鮮な目で見られる。もっとも、Ｍａｃ開発のころはまだ若かったから、価値基準がそれほど固まっていなかったはずだが、ずいぶん歳月が経った現在でも、スティーブはみごとに同じ姿勢を貫いている。

スティーブが人を採用するうえでの大原則は、彼いわく「A級」の人間を雇うことだ。「B級」をひとり雇ったとたん、B級やC級の仲間がくっついてやってくる」と考えていた。本物の才能を持ってさえいれば、まずまちがいなくA級とみなされる。げんに、Mac初の本格的アプリケーションソフト「MacWrite」をプログラミングしたランディ・ウィギントンは、採用時にはまだ高校生だった。とはいえ、たいした問題ではない。ランディはじゅうぶんすぎるほどの敏腕プログラマーだった。


アップルを成功に導いた主要メンバーの中でも、ひときわ貢献度が高いのが、イギリス人のジョナサン・アイブ（愛称ジョニー）だ。ただし、ジョニーの才能の発掘に関しては、ほかの人材のケースと経緯が少し違う。

イングランドで学生だったころ、ジョニーは王立職業技能検定協会からデザインの学生部門賞を授与された。しかも、二度だ。一回目の副賞として、アメリカで短期の実務研修を体験できることになった。ジョニーはシリコンバレーの新しい魅力的なデザイン会社を見てまわった。卒業後の彼は、ある会社に就職し、数カ月間、バスルームの洗面台をデザインしていた（この話は口伝えで広まるうちに細かい点がゆがめられ、本などによっては「便器をデザイン」と書いてあったりする）。いかにも彼らしく、満足のいくデザインに落ち着く前に、じつにたくさんの案を検討した。

そんなころ、シリコンバレーを何度目かに訪れたとき知り合ったデザイナー、ロバート・ブルーナーが、アップルのデザイン責任者になった。ロバートは以前にも二回、ジョニーのスカウトを試みている。過去二回は断ったジョニーも、このときは、周囲の人々から自分の革新的なデザインを高評価してもらえず、気が滅入っていたので、ブルーナーの誘いを受け入れた。

まもなく、アップルは過渡期に突入した。スティーブ・ジョブズが復帰し、さまざまなプロジェクト、製品、スタッフを切り捨てていった。ジョニーの上司もそのひとりだった。上司は「Ｎｅｗｔｏｎ」をデザインした人物で、前年からデザイン部門を統括していたが、スティーブの目から見ると、当時のアップル製品のデザインはほとんどがひどすぎた。スティーブは新しい責任者をよそから引き抜こうと動きだした。

ところがさいわい、まだ本格的に探し始めないうちに、世界レベルのデザイナーならもう社内にいるようだと、ジョニーの才能に気づいた。スティーブは、ジョニーをクビにするどころか、新生アップルのデザイナーの中核にすえて、必要な作業環境を与え、励まし、支えて、以後のアップル製品の成功を呼び込んだ。

現在のジョニーは、アップル社内で鍵のかかったデザイン研究室にこもり、光り輝くアルミ製の最新型デザインツールに囲まれて、開発を進めている。彼を手伝う栄誉に授かった幸運なスタッフ（いや、運より実力がものを言ったのだろうが）は、ごく少数に絞られ、世界五、六カ国の出身者が入り交じっている。ジョニーの指揮のもと、製品とうまく組み合った、ため息の出るほどみごとなデザインを、次から次へと生み出している。ジョニーが率いるデザインチームは、他社をまったく寄せつけない高いレベルを維持し続けているのだ。

この件に関して注目すべきところは、スティーブがいったん、ジョニーを旧勢力のひとりとして解雇しそうになりながらも、真の才能を正しく見抜いて重用したことだ。

スティーブから高い評価を受けた人々が、その後どう活躍していったかを眺めてみると、けっして一発屋のたぐいではないのがよくわかる。やがてアップルを巣立ったあと、大きなテクノロジー関連企業を設立した例が少なくない。ジャン＝ルイ・ガセーはBe、マイク・ボイシュはラディウス、ガイ・カワサキはガレージ・テクノロジー・ベンチャーズ。ほかにも挙げればきりがない。

ダナ・ドゥビンスキーは、ハーバードビジネススクールの学生だったころ、ある日の授業中に、ＡｐｐｌｅⅡで表計算ソフト「ＶｉｓｉＣａｌｃ」が動くようすを見た。彼女は学業のかたわら金融機関で働いていただけに、手作業で金銭計算をするのがいかに面倒かが身に染みていた。「利率が九・五パーセントから十パーセントに上がったらどうなるか？」といった単純なことでも、あらゆる数字を計算し直す必要がある。ＡｐｐｌｅⅡと表計算ソフトの組み合わせには膨大な需要があるはずだ。「銀行家なら誰でも欲しがるにちがいない」

ほかにダナはケーブルテレビ関連の経理も請け負っていたため、ケーブルテレビのように需要の高い分野は、すさまじい勢いで伸びていくことを知っていた。二つの点を考え合わせて、「これはいける」と直感した。アップルで働きたい。ただ一つ小さな問題として、アップルはハーバードビジネススクールの出身者をそれまでひとりも採用していなかった。面接に応募したものの、「門前払いされてしまったんです。技術畑の人材しか欲しくないとのことでした」

面接がおこなわれる日、ダナは意を決して、面接室の外で一日じゅう粘った。「担当者の女性が出てくるたび、話しかけました」。スティーブがたびたび身を持って示すとおり、本当に固い決意を持っていれば、不可能が可能に変わる場合もある。「その日の終わりごろ、わたしに同情した担当者が、とうとう面接をやってくれました」。技術畑のみの方針だったにもかかわらず、ダナの粘り勝ちだった。

彼女がどれほどアップルという会社や製品に情熱を燃やしているか、採用者側にも強く伝わったのだろう。数回の追加面談を経て、合格が決まり、ＭＢＡを取得したらすぐに流通サポート部門の実務面を受け持つことになった。

クパチーノ本社では、上司への報告のやりかたがひどく風変わりだった。それまで彼女が慣れていた金融業界では、上司を苗字に「さん」づけで呼ぶのがしきたりだった。ファイルが山積みになったデスクなど、見かけなかった。しかも、ちょっとトイレに行くときも「顧客と鉢合わせするかもしれないので、スーツの上着をきちんと身につけました」。ところがもちろん、アップルでは、短パンにTシャツ、サンダルといった格好があたりまえだ。

その当時、アップルは急速に拡大したため、何かと混乱していた。「働き始めたころ、従業員の二、三割は新入りでしたし、わたしを採用してくれた人も、もうほかの職へ異動になっていました」

もっとも、ダナ本人も、それまで堅苦しい人生ばかり送ってきたわけではない。高校時代は音楽隊の一員だった。ビジネスのやりかたはいろいろなのだ、と気づいた。アップル社内は、創造力が勝負の世界だ。ダナは目からうろこが落ちる思いだった。

「まもなくわたしは、明け方から日が暮れるまで働き続けるようになりました。情報システムを開発して、製品の流れを把握したんです」

スティーブとじかに顔を合わせるのは、たいてい、業績予想ミーティングの席上だった。鮮明に覚えているだけでも二回ほど、彼女の過去のビジネス経験に照らしたかぎりでは、スティーブの結論が不可解と思えたケースがあったという。たとえばプリンタを300dpiから1200dpiへ世代交代させるときのことだ。「旧製品の在庫は、ふつう、どうすべきでしょう？　値下げすれば一掃できますよね。お買い得品を欲しがる顧客から利益をあげられるはずです」

なのにスティーブは、「廃棄処分にする。ユーザーには新型モデルを買ってもらわないといけない」と言った。

このときダナは、スティーブの哲学の大きな柱を知った。ハーバードで教わるビジネスの基本原則には反するものの、スティーブはいつも、ユーザーにとって何がいいのかを重視している。「このプリンタはもう時代遅れ。ユーザーが金を払って買うには値しない。捨ててしまおう」というわけだ。

そのあと何年も、ダナはアップルで有益な修行を重ねた。やがて彼女はパームのCEOに就任し、さらに、ハンドスプリングの創業者のひとりになる。フォーチュン誌の偉大な革新家のリストにも名前を挙げられた。

ダナによると、彼女が成功した理由の一つは、スティーブ・ジョブズのもとで働いて、無数の知恵を身につけたことにあるという。たとえば、「優秀な人材を集めて、優秀な製品をつくらなければいけません。自主性の精神を植えつけ、何かうまくいったときは大々的に祝うべきです」とはいえ、学んだうちでおそらく最も重大な事柄は、「たったひとりの人間がどれほど大きく世界を変えられるか」だっただろう。

口説き落とす術

最高の人材、最も優秀な者を見いだして雇い入れるという、スティーブのみごとな力量は、ほかにもいくつか印象的なエピソードを残している。

ネクストの旗揚げ当初、スティーブは、ビデオエンジニアのスティーブ・メイヤーに入社の誘いをかけた。ウォズとアップルを設立するよりもさらに前、スティーブがアタリで働いていたころの同僚だ。メイヤーはひとまず話を聞こうと、スティーブに会った。アップルを追放されたせいで、スティーブは打ちのめされているようすだったが、同時に、「また新しい重要な何かをやってみせると、絶対的な信念を持っていました」

スティーブは、面談というより、口説き落とすような態度だった。口説きにかけても、スティーブは達人だ。「想像（イマジン）」の語を連発しながら、とても視覚的な物語を紡ぎ出した。

想像してみてほしい。きみが雑誌を読んでいて、興味深い新型コンピュータの広告を見つける。

さらにこう想像してほしい。くわしく知りたいと、そのメーカーに電話する。ただでさえ関心を持っているのに、メーカー側はこころよく疑問点にこたえてくれて、ぜひ実物を見に来てくださいと誘ってくる。

そこで、そのメーカーの駐車場に車をとめて、建物に入ると、受付嬢が待ち構えている。ビルの中を案内されて、研究室の横を通り、デモンストレーションのための部屋にたどり着く。製品には上品なベールが掛けてある。ベールを取ると、中から素晴らしいデザインの製品が現れる……

ハイテク版アラビアンナイトのようなこの出だしに続いて、スティーブは、製品の主要機能や使い心地を述べていった。

とはいえ、当のメイヤーには、その製品の実物が披露されなかった。まだ世に存在しなかったからだ。それに、正式に入社して守秘義務契約を結ぶまで、試作機も計画も明かさないのが原則だ。しかしメイヤーは、じゅうぶんすてきな劇場体験ができ、「すっかりその製品の世界へ連れて行かれました。将来その製品がどんなふうに使われるか、夢を共有できたわけです」

スティーブの典型的なやりかただ。いつもまず、最終的な製品の構想からスタートする。ほとんどのハイテク製品は開発過程が出発点なのだろうが、そういった面の詳細よりも、完成品の姿を話しだす。

アップルの上級マネジャー、バート・カミングズを射止めたときは、また違う手を使った。バートは、最初に誘われた際には、アップルの部長職（副社長の一歩手前）に昇進しかけていたため断った。けれども、彼はアップルで高度なトレーニング制度を開発、実践していて、ネクストでも同じことをやってほしいとスティーブに重ねて頼まれた。

「採用担当者に断りを入れたら、最終決定の前にスティーブと話し合っていただけませんかと言われました。いいよ、とこたえたんです」

会いに行ったところ、こんな出来事が起こった。

しばらくのあいだ、雑談をしていました。ふと、スティーブが、「契約書にサインしないうちは製品を誰にも見せちゃいけないんだけど、きみには少しだけ明かしてもいい」と言いだしたんです。

わたしは食いつきました。彼の説明によると、本体ユニットとキーボード、モニタが分かれていて、全体をたった一本のケーブルで結ぶ仕組みだというのです。スティーブはじっくりと説明してくれました。ようするにこのケーブルは、キーボード、マウス、ビデオ、オーディオの信号を伝送できるほか、モニタのための給電もできる。五本のケーブルが一本にまとまっているわけです。

説明が終わると、ケーブルの実物を取り出しました。みごとな出来でした。スティーブは、牛の乳をしぼるみたいに、ケーブルを逆U字形に繰りかえし曲げたり伸ばしたりしてみせ、まったくよじれたりしないことを示しました。

なおも曲げ伸ばしを続けながら、ケーブルの表面をさわってごらん、と言いました。

わたしはさわってみました。

さわったとたん、「わたしも仲間に入れてほしい、と申し出たんです」

ただし、こう付け加えている。「このエピソードは、わたしの馬鹿さかげんをよくあらわしていますよね」。あとから振り返ると、スティーブにだまされた気分なのだ。スティーブ流の魔法と催眠術で言いくるめられてしまったと感じている。

もっとも、この種の感想を抱く者に、わたしはいつも言う。「だまされたわけではないよ。製品を知り尽くす人間から、貴重な教訓を得たと考えるべきだ。だって、きみをとりこにしたのは、スティーブではなくて、製品なのだから」

海賊にもチームプレイが必要

もうしばらくあとの一九九〇年、スティーブは、高性能ワークステーションのエンジニアを探していて、輝かしい経歴を持つ若者にめぐりあった。ジョン・ルビンスタイン（愛称ルビー）。コーネル大学で電気工学を学んだあと、ヒューレット・パッカードに入り、ワークステーションを開発していた。彼の噂をスティーブが聞きつけたころは、あるベンチャー企業に移籍して、画像処理用スーパーコンピュータのプロセッサの開発責任者だった。複雑なプロジェクトに取り組むチームを率いるリーダーだから、強い責任感と実行力を備えた人物にちがいない。

スティーブは、重要なメンバーになりそうな候補者を見つけた場合、人事部や人材スカウト会社を通じてコンタクトしたりなどしない。みずから電話をかける。ルビーの返事は「イエス」だった。

コーネル大学時代の恩師のひとり、フレッド・シュナイダー教授は、むしろ教え子だったルビーから大切な事柄を教わったと話している。なぜアップルにはほかの企業よりはるかにすぐれた製品設計が可能なのか、その秘密の一端がかいま見えるような事柄だ。すなわち、複雑な電子システムの設計も、電気掃除機の設計ととくに違わないとルビーは考えていたという。「同じくらい使いやすくなければいけません。箱を開けた瞬間から、使いやすくできているべきです」と。シュナイダー教授は、「ルビーも含めて、アップルの人々のビジネスモデルは、ほかのコンピュータ関連企業とは大きく異なっている」と指摘する。

ルビーはやがて、ｉＰｏｄなどの製品開発で重大な役割を果たすのだが、そのあたりにはもう少しあとで触れることにしよう。

人材をひきつける雰囲気づくり

では、これほど多くの優秀なメンバーがアップルに集まるのはなぜだろうか。重い責任を負うはめになるし、スティーブからは、しじゅう無理難題を押しつけられる。しかし、スティーブという男は真の予見者《ビジョナリー》なのだ。この使い古された表現がまさに当てはまる。テクノロジー業界の中で、革新者の称号にまちがいなくふさわしい人物がいるとすれば、それはスティーブにちがいない。

アップルは、「最高」をあくまで追求することで魅力を放ち、すぐれた人材を呼び寄せている。アップルに入れば、本当に画期的なプロジェクトにたずさわって、よそのどんな企業よりも張り合いのある仕事ができるはず、とみんなわかっている。雇われた人々は、他社の製品などどれも取るに足りないというスティーブの思想を吹き込まれる。ふつうなら許しがたいような優越感だが、アップルの開発チームは実際、誰も見たことのない最高の一般消費者向け製品を数多くつくりだしてきた。

いったん素晴らしい人材を見つけると、スティーブは意地でも獲得しようとする。ハイテク業界の厳しい競争の中、戦いの手段を選ばないスティーブを非難する声もある。よその会社の重要人物――たとえば、ｉＰｏｄファームウェア責任者のジェフ・ロビン――を引き抜いたとして、たびたび批判が出ている。当然、スティーブは、逆に部下を他社に引き抜かれることを警戒する。ｉＰｏｄの初期のころには、ジェフ・ロビンのフルネームを報道しないよう、ジャーナリストに対して口止めしていた（これはあくまで内緒の話だが……）。

スティーブの手法を真似る

スティーブほど強烈な意欲に満ちた男のもとで働いていると、知らず知らずのうちに、彼の発想や実践方法が身に染みていく。数年前、わたしはアップルを辞めたあと、自分で設立したベンチャー企業にふさわしい製品マーケティング責任者を探していた。条件としては、営業スタッフと技術スタッフの橋渡しができて、なおかつ、顧客担当の業務も得意な人物でなければいけない。となると、いままでに技術面の経験があり、さらに、営業面でも、現場の人間と突っ込んだ話し合いができるレベルの知識を持っているべきだ。運よく、営業スタッフのひとりが、有能そうな候補者を推薦してくれた。それまでいた会社を解雇されたばかりだという。わたしはさっそく面談の手はずを整えて、楽しみに待った。スタンフォード大学の修士号を持っている人物で、たいへんな切れ者との評判だった。

いざ会って、うちの会社や製品に関して質問したところ、とても驚かされた。製品について、わたしと同じくらいくわしかったのだ。じゅうぶん調査し、実際に使ってみただけでなく、ユーザーインタフェースを改良するための名案までいくつか用意してきていた。

近ごろは、製品や企業に関する情報をインターネットで簡単に集められるのだから、事前にきちんと下調べをしてあるかどうかを、採用の一つの基準にしてもいいだろう。アップルなら、もちろんスティーブ・ジョブズはそういう準備を当然と考えている。

振り返ると、出会った当初から、人を雇うコツをスティーブに教わっていた気がする。先日、あらためてそう思わせる出来事があった。というのも、デイビッド・アレラという男にたまたま会い、わたしが彼をアップルに雇ったときのエピソードを聞かされたのだ。彼はその前、観光保護局に勤めていたが、サンフランシスコの市庁舎へ異動になり、働くかたわらスタンフォード大学にかよってＭＢＡの取得をめざしていた。転職を考え始め、いろいろな会社に履歴書を送ったところ、アップルから返事が届いた。彼自身、アップルに見合うほどの資格をまだ持っていない気がしていたので、少し意外だったらしい。

面談に行ってみると、採用担当者はわたしだった。彼の履歴書をつぶさに眺めたわたしから、就職面接とは思えないような質問をいくつか受け、さらにこう告げられたという。「きみはこの会社に役立ってくれると思う。ただ、何をやってもらうかはまだわからない。経歴からみて、ぴったりな仕事がとくに思いつかない」。そう言いながらも、給料の金額を提示し、こんなふうに誘いかけた。「アップルの一員になってくれたら、きみの可能性を最大限に活かせる場所を見つけてあげよう。どうだね？」

彼は、報酬管理部でルールづくりの仕事を始め、やがてＡｐｐｌｅ Ⅱチームの人事担当責任者に昇進して、数百万ドルの予算をまかされるまでになった。

再会を果たしたわたしに、彼はこう言った。「まだたいした資格も持っていなかったのに、そんなことは問題にせず、僕を雇ってくれましたよね。あれが出発点になって、以来、同じ分野を進み続けているんです。このエピソードは、いろんな人に百回は話したと思いますよ」

わたしはスティーブのそばで働き始めてまだ間もなかったのに、彼の姿勢や手法にもう影響を受けていたわけだ。

人によっては、がちがちの海軍タイプに見えるものの、心の奥底に海賊がひそんで、出番を待ち望んでいたりする。そんなひとりが、グレース・ホッパーという女性だ。わたしが会った当時、六十歳代で、海軍の大将だった。たとえではなく、実際、海軍に従事していた。現実生活では、「海賊」とまさに対極にいたわけだ。

しかしじつをいえば、彼女はわたしにとって以前からあこがれの存在だったので、会うのがとても楽しみだった。海軍の研究作業の一環として、先駆的なコンピュータ言語を生み出した人物だからだ。彼女のつくった言語を土台に「COBOL《コボル》」が誕生し、広く普及して、プログラミングに革命をもたらした。

いざ会ってみると、彼女は初め、礼儀正しく控えめな態度だった。ところが、わたしがソフトウェアの話題を出したとたん、瞳を輝かせた。話しているうちに、きわめて聡明で創造的な女性であることがわかった。きっかけさえあれば、すぐにも海賊に変身しそうだった。

この経験を通じて、わたしはあらためて思った。人材の採用を検討するときは、第一印象だけで候補者をふるい落としたりせず、その人物の本質を探らなければいけない、と。意外なところに海賊が隠れている可能性もある。

5　海賊に与える報酬

たいていの企業では、従業員をねぎらうため、誕生日や入社記念日などにささやかなお祝いのパーティーを開く。だが、アップルのように製品を中心にすえている場合、祝賀や表彰といったイベントは、自社の主役――つまり、「才能」と「製品」に関しておこなわれる。

スティーブは部下たちを心から大切にしている。部下がいなかったら、どんな偉大なことも実現できない。そうわかっているだけでなく、その思いを部下にもぞんぶんに知らせている。驚くほど長い時間をかけて、スタッフをほめたたえ、感謝の意を伝える。

なかでも忘れられないエピソードがある。「芸術家は作品にサインを入れるものだろう？」と、スティーブはわたしに言った。だから、初代Ｍａｃの本体の内側に、ずっと開発にたずさわってきたエンジニアの署名を刻み込もうというのだ。一九八二年二月十日の週次ミーティングが終了したあと、署名のためのセレモニーを開いた。エンジニアひとりひとりが、大きな画用紙に自分のサインを書いていった。スティーブ・ウォズニアックは、「ウォズ」と、おなじみの愛称だけをしるした。

Ｍａｃを購入した人は、本体の内側など見なかっただろうし、署名の存在すら知らずに終わっ

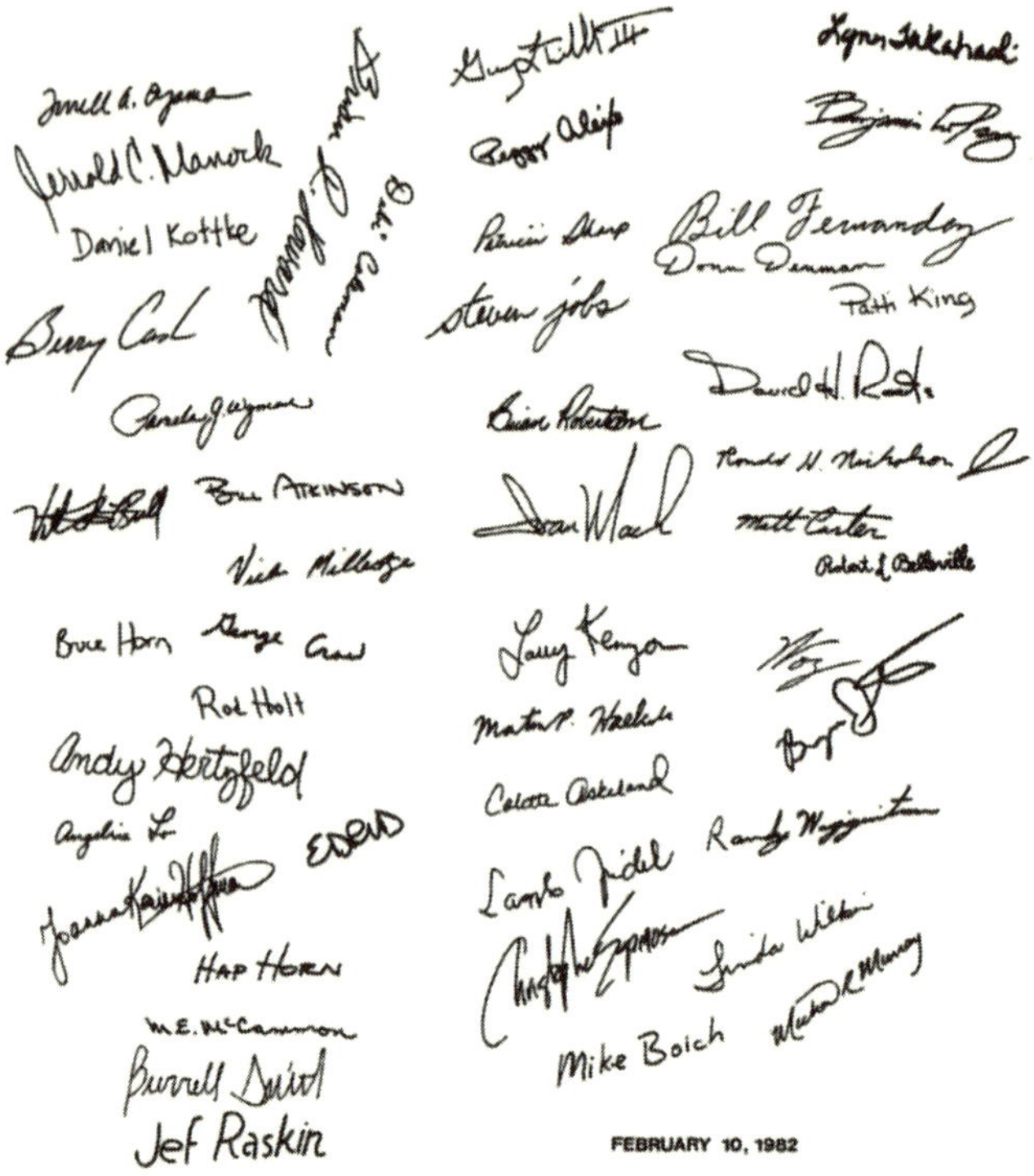

初代 Mac の内側に刻まれたエンジニアの署名

たかもしれない。けれども、エンジニアたち自身は知っていて、おおいに誇らしい気分を味わった。今日でさえ、誰かの物置部屋やコンピュータ博物館その他で古いＭａｃを見かけたとき、あの内側には自分の名前が刻まれているんだ、と満足感を覚えるにちがいない。製品開発にかかわる者としては、偉大な製品の一部分になっていると考えるほどうれしいことはないだろう。

みずから乗り出して鼓舞する

わたしがアップルに入った時点で、早くもスティーブは、リーダーの振る舞いかたを会得していた。リーダーが製品に直接、積極的にかかわっていけば、部下たちのやる気がおのずと高まる。ほかの人々を奮い立たせるにはこの方法がいちばん効果的だとわかっていた。

目標は、組織内のあらゆる人々にエネルギーを注ぎ込んで、スティーブ自身と同じくらいの熱意を持たせることだ。そのためには、スタッフそれぞれが自分は製品の一部なのだと感じるように仕向けなければいけない。スティーブのひきいる組織では、すべての中心に製品がある。スタッフを励ましたり、ほめたりするにしても、必ず製品が土台になる。スタッフ全員の気持ちが製品に集中している。

スティーブはみずから製品と一体になって、みんなを引っ張っていく。あの手この手を駆使しながら、部下たちめいめいに、この製品の成功には自分の力が不可欠、という強い思いを抱かせる。ひとことでいえば、お手本を示すかたちのリーダーシップだ。リーダーがどれだけ深く製品に入れ込んでいるかを見せつけて、部下たちにも、いまやっている仕事に深い愛着を持たせる。

Ｍａｃを世に送り出したとき、最初は必ずしも順調ではなかったものの、開発チームの誰もがＭａｃの素晴らしい可能性を信じて疑わなかった。スティーブの揺るぎない情熱が、一同の気持ちを支えていた。スティーブはいつも何かしら適切なせりふを考えついて、部下たちにはっぱをかけ続けた。とことんまで細部にこだわるリーダーについていくとなると、重圧や課題に耐えなければいけないが、それでもみんな、アップルで、スティーブのもとで働くことを愛していた。

その証拠に、アップル社員の離職率は三パーセント。ハイテク業界で最も低い水準だ。スティーブと直接顔を合わせる機会がほとんどない者でも、彼に忠実だった。

スタッフの苦労をねぎらうやりかたにも、忠誠関係がにじむ。大多数の企業は、従業員に報いるとなれば、昇給、ボーナス、ストックオプションといったかたちを使う。それはアップルでも同じだが、スティーブはここでもまた、さまざまな工夫を凝らしている。現金や株だけがやる気を高めるカギではないのだ。

とくに初期のころ、チームが大切な節目に達したときは必ず、なんらかのお祝いをした。Ｍａｃチームはシャンパンを常備していて、何かささやかな、しかし意義深い目標を達成すると、栓を抜いた。たとえば、誰かの苦労が実って、ぶつかっていた壁をついに突破できたときなどだ。ボーナスに値する働きをしたメンバーがいる場合、スティーブは、白い封筒に小切手を入れて、そのメンバーの持ち場へ出向き、じかに手渡した。日ごろの努力に感謝する意味を込めて、Ｍａｃエンジニアたちにメダルを授与したこともある。

また、節目を設定すると、達成度が高まるという効果もある。スティーブはその点を心得ていた。画面表示用のソフトウェアを十五日までに完成する、二十一日までに七万五千台を出荷するなど、具体的な目標をたてた。無事にクリアしたら、ひと息入れて、みんなで祝う。

初代Ｍａｃを発売した時点で、スティーブは、工場で働く人々にも感謝を伝えたいと考えた。社のトップの人間からの気持ちをあらわすには、さてどんな方法があるだろう？　人事部に頼んで賞状をつくらせ、壁に飾る？　工場長に指示を出して、「よくやったぞ！」ミーティングを開かせる？

スティーブのやりかたは違う。わたしを連れて、みずから工場へ出向いた。労働者全員に百ドル札を一枚ずつ、自分の手で渡しながら、ひとりひとりと目を合わせた。この場合、金額の問題ではない。最高幹部がわざわざ気にかけてくれて、ごほうびを直接くれたという事実が、忘れられない印象として残る。

ある日、わたしとスティーブはいつものように見回り方式の業務管理に出かけて、Ｍａｃ製造工場の出荷準備エリアを訪れた。出荷の作業にどうも手間取っている気配だったからだ。例によってスティーブは、自分が製品だったら……と立場を置き換えて想像し、このエリアに到着したMａｃがどんな体験をしていくかを点検していった。箱に詰められたり、透明フィルムでくるまれたりする過程を順々に眺めて、もっと効率よくすばやく済ませる方法はないかと考えをめぐらせた。

作業員のほとんどは、スティーブの入念な視察にびっくりして、落ち着かないようすだった。とはいえ結局、出荷の流れをスピードアップする方法がいくつも見つかった。視察が終わったとき、全員が拍手し、歓声を上げた。そのあと、ピザと飲み物を注文して、手順を改善できたことをみんなで祝った。

このテコ入れのかいあって、Mａｃを二十七秒ごとに一台完成するという目標がかなった。

Mａｃの発表イベントを済ませて、バンドリードライブにある本部ビルに戻ってみると、裏口に大きなトラックがとまっていた。荷台に積まれていたのは、百台のMａｃだった。スティーブはさっそく、ちょっとした贈呈セレモニーを開いて、開発チームメンバーの名前をひとりずつ読み上げて、Mａｃを渡し、握手して、相手それぞれにふさわしい感謝の言葉を述べた。

どのMａｃにも金属プレートがはめこまれ、各自の氏名が彫り込まれてあった。スティーブからその日もらったMａｃを、わたしはいまも大切に持っている。ほかのメンバーも九十九パーセントはそうだろう。

ｉＰｈｏｎｅの発売時には、開発メンバーにかぎらず、すべての社員が無料で一台ずつもらった。さらに、一年以上前から働いているパートタイマーやコンサルタントも、もらうことができた。

スティーブは、これ以上望みようがないほどの応援リーダーだった。「われわれがここでやっていることは、宇宙に大きな波紋を広げるだろう」など、効果的なせりふを使って、たえず熱意とやる気を盛り上げた。

各自の「芸術家」の面を伸ばす

スティーブは芸術家だ。アップルの「主任芸術家」と呼んでもいい。最近でこそ、広くそう認知されているようだが、じつはごく早い段階から、この呼び名にふさわしい働きをしていた。

また、デザイン担当チームのメンバーにも、自分自身を芸術家とみなすように促していた。一九八二年には、Ｍａｃチーム全員を引き連れて、ルイス・カムフォート・ティファニー美術館を見学した。というのも、ティファニーは、芸術を大量生産のかたちへ移し替えることに成功した人物だからだ。

スティーブは、機会あるごとに、配下のエンジニアたちが持つ芸術家的な魂を刺激した。新製品を披露する時期が近づくと、きまって気分を高ぶらせ、「本物の芸術家は、予定通りに出荷する」といった言葉でチームを引き締める。まるでサーカスのライオン調教師のように……。

初代Ｍａｃ開発チームの主要メンバー、アンディ・ハーツフェルドは、こう回想する。「Ｍａｃチームの意欲を支えるものにはいろんな要素がからみ合っていたけれど、いちばんユニークなのは、芸術的な価値観を満たしたいという強い思いですね。競争に勝ちたいとか、大儲けしたいなんていうことは、目標になりませんでした。可能なかぎり素晴らしい何かを成し遂げたい、できれば可能以上の高みをめざしたいと思っていたんです」

価値を自覚させる

どういうわけか、マスメディアは、スティーブのきわだった長所の一つをほとんど取り上げない。それは、メンバー各自の重要性、いまやっている作業の大切さを、本人たちにきちんとわからせようと、非常に気をつかっていることだ。

熱意をかきたてる方法について、スティーブはつねづね考えている。自身は生まれつきの情熱家だが、同様の能力に恵まれた人々をよく観察して、役立てようとする。どんな発言をするか？どんな態度をとるか？　忠告に耳を傾ける相手がいたら、どういうアドバイスをしているか？

ビジネスにも人間性が大きな意義を持っていることを、ついつい忘れやすいものだ。その点、アップル社内では、あらゆるスタッフがスティーブをお手本にしている。上級幹部から、アップルストアのジーニアスバー担当者まで、全員がスティーブを見習っている。

二〇〇五年、スタンフォード大学の卒業式でおこなった有名なスピーチの中で、スティーブはこう語りかけた。「きみたちは、何かを信じなければいけない。自分の勇気、運命、人生、カルマ……何でもいい。点と点がいつかつながるにちがいないと強く思えば、自信を持っておのれの心のままに進んでいける。たとえ、ほかの人たちの道から逸《そ》れていっても、歩み続けることができ、やがて大きな違いを生みだせるだろう」。スティーブは、部下たちに対しても、このとき述べたのと同じ自信、目的意識、未来に向けた信念を吹き込んでいる。

スティーブの強力な後押しのおかげもあって、社内には「アップル・サバティカル」と呼ばれる長期休暇制度ができた。勤続五年に達すると、一カ月の有給休暇をとれるのだ。ただし、輝く太陽の下でビーチに寝そべってカクテルを飲む、といったたぐいの休暇ではない。休暇を終えて職場に戻るまでに、製品や製造過程について、あるいは、会社や戦略にまつわるもっと一般的な問題について、何か新しいアイデアを考えてくる決まりになっている。この休暇は、創造力を活性化するための時間なのだ。

じかに部下の意欲をかきたてる

スティーブは、現場介入型の業務管理の達人でもある。曜日を問わず、スティーブが廊下を歩き、あちこちにふらりと立ち寄って質問を投げかけている姿を見かけるはずだ。「いま、どんな作業を進めてる？」「困っている点は何かあるかい？」。ときには、もっと挑発的な口調を使う。「わたしから給料を受けとるために、いまどんな仕事に取り組んでる？」

社内のチームによっては、こういう管理のやりかたをこころよく思わない人たちもいる。細かいところまで見張りすぎていると感じるわけだ。だが、このような管理方法には、前向きな気持ちを刺激して、部下たちにこんな考えを持たせる効果もある。「スティーブは製品そのものだけじゃなく、僕の役割まで気にしてくれている。僕は大きなプロジェクトの一部で、みんな一心同体なんだ」

長年、スティーブは、部下たちの日々の仕事の現場に溶け込みながら、会社を動かしている。しょっちゅうそばにいて、耳を傾けてやれば、みんなが期待に添う働きをしてくれる、と感じている。

かつてのインテル社長、アンディ・グローブも、少し違いはあるものの、似たような経営スタイルだった。ご存じのとおり、当時のインテルはアップルより会社の規模がはるかに大きかった。アンディが予告もなく、従業員たちの働きぶりを眺めに来るので、従業員側は冷や冷やすることが多かった。けれども、アンディはやめようとしない。社内で進んでいる業務すべてにかかわりたがった。壁を乗り越え、さらにいい解決策を模索し続ける、という精神を広く浸透させようと努めていた。

この種のリーダーシップは、いたるところに出没してこそ成り立つ。うまくこなせば、大きな一つのまとまりの中にいることをスタッフ全員に実感させられるはずだ。

昨今、このような現場主義スタイルの経営管理が、従来にも増して重要になっている。携帯電話や電子メールが普及し、すぐそばのデスクにいる相手にまでメールを送るような時代だけに、人と人がテクノロジーで以前よりも緊く結ばれる一方、生身の人間同士はむしろ遠ざかっていく傾向にある。だからスティーブは、メールをさかんに活用しながらも、いままで以上に熱心に現場主義を貫いている。わたし自身も、彼から学んだやりかたを実践し続けている。部下たちは、わたしがいつでも身近にいるとわかっていて、重大な問題に関しては、そっけなくメールを送るより、顔と顔を突き合わせたほうがいいと知っている。

前にも書いたように、Ｍａｃチームの面々は、息抜きが必要になると、中央のアトリウムでくつろいだ。テレビゲーム機もそろっていたし、スティーブのお気に入りのジュース──当時発売されたばかりのカリフォルニア産ジュース「オドワラ」──が飲み放題だった（スティーブの好物と知れわたったおかげで、オドワラは世界的に大成功を収めた）。

ここは、情報交換の場としてうってつけだった。自分はいまどんな作業をしているか、何を必要としているか、どんな問題点にぶつかっているか、などを話し合うことができた。このアトリウムのような憩《いこ》いの場があれば、孤独感がやわらぎ、連帯感が生まれる。チームの一部が直面している難題は、全員にとっての難題なのだ。

頻繁な検討会議

三カ月おきの大がかりなビジネス合宿や、節目ごとのささやかな祝賀会のほかに、Ｍａｃチームは、いたってまじめな検討会議を毎週一回は開いた。スティーブの考えでは、製品開発の現状をつかむミーティングは頻繁すぎるほど頻繁におこなうべきなのだ。

これだけコミュニケーションの機会をつくってあっても、スティーブの場合、頭にアイデアや疑問が浮かんだときは、次の会議まで待とうとしなかった。担当者が夕食をとっていようと、家族団らんの最中だろうと、眠るまぎわだろうと、スティーブはかまわずに電話をかけて、用件を並べたてた。「これはやったか?」「あれの返事はもらったか?」「きみが必要だと言っていた職務の候補者は現れたか?」「あの問題点の解決法は見つかったか?」。数時間後、さらにいろいろな項目を思いついてまた電話をかけることもあった。たいがいは、最初の電話よりいっそう細かな点ばかりだった。

もっとも、スティーブは毎回、電話口でまず「いま、ちょっといいかな?」とことわりを入れる。私生活への配慮を示すことで、二十四時間働かされている気分をやわらげようとするかのようだった。

一方でスティーブは、部下を扱ううえでの鉄則と世間でいわれているルールをいくつか守らない。たとえば、部下を限界まで追い込み、毎日めいっぱい働かせる。残業に次ぐ残業で、部下たちはどんなにかきついだろう。

完璧主義者のもとで働くのは苦労するものだ。リーダーと同じくらい精力的に、情熱的に、創造的になろうと真剣に努力しなければ、とうていやっていけない。

従業員は自社製品を使っているか?

この項で取り上げる話は、みなさんの仕事の業種によっては、あてはまらないかもしれない。たとえば半導体チップや、ベッドのスプリング、トラクターの部品などを製造している人……あるいは、ウェブデザインの制作、荷物の宅配などサービス業にたずさわっている人には、いまから述べる話題はおそらく無縁だろう。

しかし、自社の従業員が利用できるような製品やサービスを提供しているのであれば、おおいに参考になると思う。そういう企業の場合、身内にはもちろん自社の製品やサービスを使ってもらいたい、しかも熱意を持って使ってほしいにちがいない。「使わないと叱られるから」ではなく、「自社が提供するものにぜったいの信頼を置いているから」という動機づけをしたいはずだ。たとえば、もしインテルの経営責任者であれば、すべての従業員に自宅で「インテル・インサイド」のラベルの付いたコンピュータを使ってもらいたいだろう。

Ｍａｃがまだなかったころ、アップルの新入社員は、ひとまず仮採用の期間中にＡｐｐｌｅⅡの使いかたを覚える決まりになっていた。三週間後にテストを受ける。ＡｐｐｌｅⅡをマスターする手間すら惜しむような人間は、製品にも会社にもたいした興味を持っていないのだろうから、お引き取りいただくしかない。

Ｍａｃ発売後の一九八五年、わたしは、施設管理部に指示を出して、バンドリードライブの近くに従業員向けの販売店をつくらせ、コンピュータ本体、プリンタ、周辺機器、アクセサリと、あらゆるアップル製品を取りそろえた。利益は度外視した店で、従業員が自社製ハードウェアの最新モデルを使ってくれるようにという配慮だった。ＭａｃやＡｐｐｌｅⅡを製造コストの半値、小売価格の七十五パーセント割引で購入できた。

そのうえ、年に一度、家族や友人も社員と同じ割引価格で購入できるサービスがあった。こんなふうに、Ｍａｃチームの海賊や、海賊以外のアップル社員には、いろいろなかたちの報酬を用意した。

部品供給業者、ソフトウェア開発業者、コンサルタントなどに対しても、かなり気前よくハードウェアを提供した。「新型Ｍａｃを二台どうです？　ＬａｓｅｒＷｒｉｔｅｒは？　サーバーは？」。アップルにとっての損失はごくわずかで、数字の誤差くらいの範囲にすぎなかった。それにくらべ、アップル製品に好意的な人々や熱心なファンが増えて得られた利益は、はかりしれない。

最高のごほうび

ビジネスの世界では、従業員が自分の会社や製品に深い思い入れを持つことが、きわめて重要だ。それ以上に大切な事柄など、ほとんどないといっていい。アップルに十七年間勤めるチャック・フォン・ロスパッチは、こう話す。「わたしがアップルで働きたいと思った理由は、いたって単純です。独自色を打ち出して、社会を改善できる企業だと感じたからです。恐れることなく、まわりの世界をよりよくしていこうとする企業なんて、めったにありません」。そういう姿勢が、製品中心の成功をさらに呼び込んでいる。

アップル初期に在籍していたあるプログラマー（本人が復帰を希望しているので、名前は伏せる）も、このような取り組みが社内全体に広がっていたと証言する。「アップルを離れてから二年すぎても、いまだに、クリスマスが年に二回あるような気がしてしかたないんです。一つは、家族と過ごすクリスマス。もう一つは、一月に恒例となっている新製品発表です。スティーブ・ジョブズが壇上に立って、『きょう、みなさんにお見せしたいものがいくつかあります。きっととても気に入っていただけるでしょう』と始める、あのイベントです」

主任芸術家のスティーブはいつも、マスメディアの大見出しで扱われるような、インパクトの強い発表を狙う。年次会議や業界展示会の場で、株主や、熱狂的なアップル製品マニア、開発者らを前に、あらたな製品を初披露する。社内に対しても世界全体に対しても、センセーションを巻き起こすのがじつにうまい。

スティーブが壇上でスピーチをおこなうとき、アップルの従業員はひとり残らず仕事の手を止め、社内のレストランに集まって、特設スクリーンに見入る。スティーブは、世界各国の聴衆を意識しながらも、自社の従業員や契約先の人々にも語りかけることが大切だと感じている。とりわけ、その日に紹介する新製品をつくるうえでかかわってきた関係者たちは、たとえ会場内にはいなくても、ないがしろにできない（スティーブによる製品発表プレゼンテーションは、ＹｏｕＴｕｂｅその他で数多く見ることができる。「steve jobs keynote」などのキーワードで検索してほしい）。

スティーブの海賊にとって最高のごほうびは、自分がたずさわった製品が大々的に発表されるのを眺めるという楽しみかもしれない。派手な演出なら、スティーブはお手のものだ。

昔、船を荒らした海賊は、略奪品が報酬だった。現代の優良企業にひそむ海賊たちに関しては、つくりあげた製品やサービスが――プレスリリース一枚ではなく――はなばなしい格好で世に送り出されることこそ、大きな報いになる。

いちどぜひ、発表会で壇上に立つスティーブの姿を眺めつつ、もしあの製品の開発、マーケティング、販売などに自分も関わり合っていたら、と想像してみてほしい。さぞかし誇らしく、満足な気持ちを味わえるだろう。あなたにも部下がいるなら、同じような充実感をもたらしてやる方法がないか、じっくり考えてみるといい。

第三部　チーム・スポーツ

6　製品を軸とした組織

どんな組織にしろ、業務の必要性に合わせて、ふさわしい体制をつくることが重要だ。初期のアップルは、「ＡｐｐｌｅⅡ」の成功によって支えられていた。売れ行きが好調で、毎月、上昇カーブを描き続け、スティーブ・ジョブズはハイテク業界全体のシンボル、アップル製品の象徴になった（その陰で、すぐれた才能で技術開発を受け持ったスティーブ・ウォズニアックのほうは、しかるべき注目を浴びていなかったが）。

一九八〇年代の初頭、業界や社内の状況が変化し始めたものの、アップルの経営陣は気づかず、問題が膨らんでいくのを放置してしまった。おまけに、決算の数字そのものは引き続き順調だったため、まずい事態になっていることがなかなか表面化しなかった。

最高の時期、最悪の時期

当時のアメリカは、全般に景気が落ち込んでいた。一九八三年初めには、どのビジネスも営業不振にあえいだ。大統領がジミー・カーターからロナルド・レーガンに交代し、国全体として、ひどい不況から這《は》い上がろうと模索中だった。ふつうなら、需要の過熱がインフレを引き起こすはずだが、不景気なのにインフレが続く、いわゆるスタグフレーションの状況だった。いっこうにおさまらないインフレをどうにかしようと、連邦準備銀行理事会のポール・ボルカー議長が極端な高金利政策に踏みきったせいで、一般消費は息の根を止められた。

ハイテク業界に目を向けると、アップルがほぼ独占していたパーソナルコンピュータ市場というささやかな砂場に、巨大企業のＩＢＭがいきなり、どすんと音を立てて踏み込んできた。まるで、小さな妖精たちの国に、巨人がひとりやってきたようなものだ。小さな妖精には、ゼネラル・エレクトリック、ハネウェル、ヒューレット・パッカードなどが含まれていた。企業規模としては、アップルは妖精よりさらにか弱い存在だった。ＩＢＭの損益計算書の数字と見くらべれば、アップルの収益など、四捨五入で消えてしまいかねなかった。では、アップルはむなしく消える運命なのか？　一瞬かがやいて消えた会社として、業界史の片隅に小さくしるされるだけで終わるのか？

アップルの利益の柱はあいかわらずＡｐｐｌｅ Ⅱだったが、スティーブがいち早く見抜いていたとおり、このマシンの魅力はすでに薄れつつあった。しかも、少し前、アップルは創業以来初めての大失態を演じてしまった。三十セントもしないケーブルが不良品だったばっかりに、七千八百ドルの新型「Ａｐｐｌｅ Ⅲ」を一台残らず回収するはめになったのだ。

追い打ちをかけるように、ＩＢＭが、チャーリー・チャップリンをイメージキャラクターにすえて、柄にもなく茶目っ気にあふれた広告を流しだした。同社の参入により、パソコンはマニアの遊び道具ではなく、もっと重要な意義を持っている、と世間が認識し始めた。つまり、ＩＢＭのテコ入れ一つで、広大な新規市場が開けたといえるだろう。しかし、アップルにとって差し迫った問題は、従来市場の勢いを駆《か》って乗り込んできたＩＢＭに、いったいどうすれば対抗できるのかだ。

成長どころか、懸命の生き残りをかけるため、アップルには、何か素晴らしい第二幕が必要だった。小さな開発チームをひきいるスティーブは、防御手段ならあると考えていた。製品を軸とした組織づくりを進めればいい。しかしほどなく、彼は、人生最大かもしれないピンチに立たされ、自分で自分の首を締める事態に陥っていく。

リーダー探し

アップルのリーダーシップの状況はあやふやだった。スティーブに関していえば、取締役会の会長という職務を真剣にこなしていたものの、意識の中心はあくまで「Ｍａｃ」に置いていた。社長のマイク・スコットは、これといって効果的な働きをしないままだった。創業時に出資したベンチャー投資家、マイク・マークラにしても、まだＣＥＯを務めてはいたが、この肩書きの後継者を探し続けていた。

さまざまな責務を抱えながらも、スティーブは、月に一回ほど、近くにあるスタンフォード大学のキャンパスへ車で出かけた。たいてい、わたしがお供をした。どこへ行くにしろ、スティーブの運転はいつもスリリングだった。現在でこそ、彼は模範的なドライバーで、道路にも、ほかのドライバーにも、じゅうぶん注意を向けるが、そのころの運転のしかたは、Ｍａｃプロジェクトの進めかたによく似ていた。つまり、何もかもできるだけすばやく済ませようと、大急ぎだった。

スティーブが運転するメルセデスの助手席にすわれば、彼の性格や趣味をよく理解できるかもしれない。まず真っ先に気づくのは、音楽好きという点だ。明らかに、音楽はスティーブの人生の大きな割合を占めている。「この曲、知ってるかい？」と言っては、ビートルズその他、お気に入りの音楽をかける。わたしと最初にＰＡＲＣへドライブしたときのように、いつでも大音量だ。だから、音楽に負けじと、会話は必然的に大声になる。

さて、スティーブはこうして定期的にスタンフォードへ出向いては、ビジネススクールの学生たちに会った。小さな講堂に三、四十人集める場合もあれば、テーブルを囲んでセミナーのような形式をとる場合もあった。そういう学生のうち、卒業後、スティーブに雇われてＭａｃチームに入った例として、デビ・コールマンやマイク・マリーがいる。

ある日、Macチームの各担当責任者と週次会議を開いたとき、スティーブが、新しいCEOが必要ではないかと言いだした。すると、デビとマイクが顔を輝かせて、ペプシコの社長、ジョン・スカリーを推薦し始めた。以前、スタンフォードのビジネススクールで講演をしたのだという。一九七〇年代の販売促進キャンペーンを指揮した人物で、この結果、ペプシコはコカコーラからかなりの市場シェアを奪った。「ペプシ・チャレンジ」と銘《めい》打ったこのキャンペーンは、いうまでもなく、コカコーラにチャレンジする企画だ。ブランド名を伏せて、二つのコーラを消費者に試飲してもらい、どちらがおいしかったかを選ばせる。当然、コマーシャルの中ではペプシを選ぶ人たちが続出する。

デビとマイクが、せきを切ったように、熱心にジョン・スカリーの話を続けた。経験ゆたかなCEOだし、マーケティングの天才だ、と。たぶん、その場にいた全員が「うってつけだな」と感じたと思う。

スティーブはすぐにジョンと電話で交渉し始めたらしい。数週間後には、長い週末をすべて費やしてジョンと何度も協議を重ねた。たしか、冬だった――セントラルパークに新雪が積もったと、スティーブが話していたのを覚えている。

ジョンはもちろんコンピュータについて何も知らなかったが、マーケティングには鋭い見識を持っていて、スティーブを感心させた。それほどの見識があったからこそ、広い流通網を持つペプシコのような大企業でリーダーシップをとることができたのだろう。

スティーブは、この人物がアップルの貴重な財産になると考えた。しかしジョンから見れば、スティーブの提示条件はどう考えても難があった。企業として、当時のアップルは、ペプシコとくらべものにならないほど小さい。しかも、ジョンの友人や仕事関係者はみんなアメリカ東海岸にいて、アップルのある西海岸からあまりにも遠かった。それぱかりか、ジョンは、ペプシコの次期会長の候補者三人のうちのひとりと目されていた。だから、スティーブへの最初の返事は、つれなく「ノー」だった。

どんな場面でも、スティーブは、不屈の精神を最大限に発揮する。すぐれたリーダーに共通する特徴だ。ジョンを誘い入れるための最終兵器は、実業界の歴史に残る、こんなせりふだった。「あなたは、砂糖水を売りながら残りの人生を過ごすつもりですか?　それとも、世界を変えるチャンスに賭けたいですか?」。この言葉は、ジョンよりもスティーブ自身の目標をよくあらわしている。明らかにスティーブは、世界を変えることが自分の使命だと感じていたわけだ。

ジョンはずっとあとでこう回想する。「わたしは、思わず息をのみました。へたをすれば、たいへんな好機を逃したのではないかと一生後悔するだろうと思ったからです」

口説き落とすまで、さらに数カ月かかったものの、一九八三年の春、アップルはとうとう新しいCEOを獲得した。ジョンの立場にしてみると、世界的に有名な巨大企業の経営幹部という安定した座を捨てて、まったく不案内な分野のたいして大きくもない会社でトップを務めることに決めたわけだ。おまけに、その会社が手がけているビジネスは、つい少し前まで、コンピュータ好きの青年ふたりが自宅ガレージでやっていた商売にすぎず、しかもいまや、業界の巨人との対決を迫られていた。

　よく知られているとおり、その後しばらく、ジョンとスティーブの蜜月が続いた。業界誌はこの新コンビを「ダイナミック・デュオ」などと形容した。ふたりで打ち合わせを繰り返し、ほとんどいつもくっついて行動していた。また、おたがいに得意分野を教え合う仲だった。ジョンはスティーブに大企業の経営管理術を教え、スティーブはジョンにデジタル技術の驚異を教える。もっとも、ごくごく最初から、ジョンが非常に興味を示していたのは、スティーブの重要プロジェクト、Ｍａｃだった。スティーブに導かれて社内を見回っているのだから、当然といえば当然だが……。

　ソフトドリンク業界から、なかば謎めいたテクノロジーの世界へ、難しい転身をしいられたジョンのために、わたしは、部下のマイク・ホウマーをジョンの執務室の近くに待機させ、ハイテク分野の知識をいつでも補えるように配慮した。やがてマイクがその職を辞したあとは、ジョー・フツコという名の若者を後任にすえた。驚くべきことに、ジョーは大学の学位を持っておらず、ハイテク関連のトレーニングもこれといって正式には受けていないのだが、この役目をりっぱにこなしてみせた。テクノロジー専門家をジョンのそばに置いておくことが、ジョンにとってもアップルにとっても成功の鍵になるだろうと、わたしはみていた。

　一方、スティーブは、この補佐役とそれなりにうまくやっていたものの、あまりいい顔はしていなかった。ジョンの知識を補う役目はすべて自分で果たしたかったのだろう。しかしどう考えても、スティーブにはほかに山ほど仕事があって、ジョンの教育係に専念しているわけにはいかなかった。

ジョンとスティーブは非常に息が合って、「片方が言いかけたせりふをもう片方が締めくくる」といわれるほどだった（実際にはそんな場面を見たためしがないものの、この表現がふたりの伝説の一部と化している）。似た考えかたをしているうち、結果的に、ジョンはだんだんスティーブの意見に同調し、アップルの未来とはすなわちＭａｃである、と信じるようになった。

スティーブもジョンも、まさか将来おたがいが敵対する運命とは思っていなかったはずだ。もし現代にノストラダムスがいて、敵対を予言できたとしても、それを聞いたわたしたちは、たとえばＭａｃ対Ｌｉｓａのような、製品の方向性をめぐる意見対立だろうと楽観視したにちがいない。

よりによって、経営方針に関して根本的な対立が生じるとは、考えもしなかった。

製品ラインナップの混乱

スティーブにとってまず気がかりだったのが、自社内の「Ｌｉｓａ」だ。Ｌｉｓａは、スカリーのＣＥＯ就任と同じ月に発売され、ＩＢＭの牙城であるビジネス顧客層に食い込むことをめざしていた。同時に、Ａｐｐｌｅ Ⅱの新型モデル「Ａｐｐｌｅ Ⅱｅ」も発売になった。

しかし、スティーブが前々から主張していたとおり、Ｌｉｓａは技術的にもう古い面があったうえ、なにより価格がまずかった。最低でもなんと一万ドル。当然のごとく、発売直後から苦戦し続けた。パワー不足で、重くて、値段が高いとあって、たちまち頓挫したため、その後の経営危機にはむしろあまり関係しなかった。一方のＡｐｐｌｅ Ⅱｅは、新しいソフトウェア、従来を上回るグラフィックス機能、さらなる使いやすさを備えていて、手堅く成功を収めた。ただ、順当な進化だっただけに、大ヒットまではそもそも望めなかった。

かたや、Ｍａｃが狙う購入層は、パソコンを初めて使う個人消費者だ。価格は約二千ドルと、Ｌｉｓａよりははるかに安いものの、最大のライバルである「ＩＢＭ ＰＣ」と比較するとかなり高い。また、Ａｐｐｌｅ Ⅱもまだしばらく販売が続くので、そちらとの兼ね合いが難しい。アップルは、Ａｐｐｌｅ ⅡｅとＭａｃという二系統の製品を抱えることになった。本来、このたぐいの問題を解決してもらう目的でジョン・スカリーをＣＥＯに迎えたのだが、スティーブからＭａｃの長所をさんざん聞かされ、Ｍａｃを売ればユーザーもアップルも万々歳だと吹き込まれたため、ジョンにはもはや公平さを期待できなくなっていた。

社内は、Ａｐｐｌｅ ⅡとＭａｃ、それぞれを支持するグループに二分してしまった。売れ行きの面でも同じことがいえる。Ｍａｃのいちばんの敵はＡｐｐｌｅ Ⅱだった。対立は激しさを増し、およそ四千人いる従業員のうち、三千人がＡｐｐｌｅ Ⅱを支持し、残る千人がＬｉｓａチームとＭａｃチームという案配だった。

支持する人数が三対一なのにもかかわらず、ジョンはＭａｃばかりひいきして、Ａｐｐｌｅ Ⅱをないがしろにしている、と多くの従業員が感じた。ただ、社内にいる者にとっては、この対立が深刻な問題だとは認識しづらかった。まだ収益がかなり高く、銀行には十億ドルの預金があったせいで、危機意識に乏しかったのだ。

この製品ラインナップのぶつかり合いが、やがて、はでな衝突とドラマチックな出来事を引き起こす。

Ａｐｐｌｅ Ⅱの販売は、ほかの一般エレクトロニクス製品と同じように、卸売業者を経由していた。卸売業者から、学校、大学、小売店などに再販される。他の業種の製品――洗濯機、ソフトドリンク、乗用車など――もそうだが、最終的にそれぞれの利用者に製品を売るのは小売店の仕事だ。ようするに、アップルの直接の顧客は、ユーザーではなく、卸売業者ということになる。

いま思えば、Ｍａｃのような個人消費者向けの製品は、もっと違う販売ルートにのせるべきだった。

予定より大幅に遅れながらも、いよいよ完成に向けて、Ｍａｃチームが最終調整に夢中になっていたころ、スティーブは、試作機を一台持ち出し、アメリカ各地の八都市ほどをまわって、マスメディア向けの事前デモをおこない、反応を見た。ある会場でデモ中に不具合が起きた。ソフトウェアの動作不良が原因だった。

スティーブはどうにかその場を取りつくろった。報道陣が帰るとすぐに、ソフトウェアの問題箇所を担当したブルース・ホーンに電話をかけて、トラブルの状況を説明した。

「どのくらいかかる？」スティーブはたずねた。

一瞬の間のあと、ブルースがこたえた。「二週間」。スティーブにはその言葉の意味がわかっていた。ほかの人間なら一カ月かかるところだが、ブルースはオフィスに缶詰になって、脇目もふらず解決にあたるのだ、と。

けれども、二週間も費やしていたら、ふたたび発表会の予定がずれてしまう。スティーブは異議を唱えた。「二週間は長すぎるな」

なぜ時間がかかるかをブルースが説明した。

スティーブはブルースに一目置いていたし、見積もりが妥当であることも承知だった。しかし、こう言った。「きみの言い分もわかるけど、もっと早く仕上げてくれなきゃ困るんだ」

いったいどうやって身につけた才能なのか、技術的な専門知識はあまりないにもかかわらず、スティーブは、何が可能で何が不可能かを正確に見抜くことができる。

ブルースが考え込み、長い沈黙が続いた。やがて口を開いた。「じゃあ、なんとか一週間でやってみましょう」

スティーブは喜びを前面に出した。うれしくて感謝しているときは、声の中に情熱がほとばしる。聞いている側として、これほど励みになることはない。

正式発表が近づくにつれて、よく似た状況が訪れた。オペレーティングシステムを開発中のエンジニアたちが思わぬ難題にぶつかったのだ。一週間後に、市販用のディスクを大量にコピーする締切が迫っていた。ソフトウェア開発責任者のバド・トリブルが、間に合いそうにないとスティーブに伝えた。Ｍａｃに付属するソフトウェアは、デモ用のバグの多い不安定なソフトウェアのままになりかねなかった。

怒りを爆発させるかと思いきや、スティーブは逆に、おだてる戦法に出た。プログラマーたちを最大限にほめたたえた。アップルのすべてがきみたちにかかっている、と。「きみたちなら、やりとげられる」。カリスマ性に満ちた、励ましと確信の言葉だった。

スティーブはそこで会話を打ち切り、反論の機会を与えなかった。すでにプログラマーたちは、週に九十時間の勤務を何カ月も続けていて、家に帰らずデスクの下で寝ることも多かった。けれども、スティーブの言葉であらためて意欲を奮い立たせた。ぎりぎり最後の日、本当にあと何分というきわどいタイミングで、ソフトウェアは完成した。

対立のきざし

しかし、ジョンとスティーブの蜜月は終わりつつあった。最初にその兆候が現れたのは、Macの新発売を知らせる広告の準備中だった。一九八四年のスーパーボウル中継の途中で放映された、あの六十秒の有名なテレビCMをめぐる問題だ。CMの監督はリドリー・スコット。映画『ブレードランナー』で脚光を浴び、ハリウッドでも屈指の有望株とみられていた。

まだご存じでない人のために、このCMの中身を説明しておこう。

囚人ふうの身なりの男たちが、おおぜい、講堂の中に整然とすわっている。全員、無表情のまま、前方の巨大なスクリーンに見入っている。スクリーン上では、独裁者らしき不気味な男が、聴衆に向かってなにやら演説している。管理社会を描いたジョージ・オーウェルの古典小説『1984年』を彷彿とさせる光景だ。と、そこへ突然、Tシャツに赤い短パンという姿の若い女性が走り込んできて、スクリーンに向かってハンマーを投げつける。スクリーンが爆発し、講堂はまばゆい光に包まれる。ここでナレーション。「一月二十四日、アップル・コンピュータはMacintoshを新発売します。一九八四年が『1984年』のようにはならない理由がおわかりになるでしょう」

広告代理店からこの映像を見せられたとたん、スティーブは非常に気に入ったようすだった。だが、いっしょに見たジョンは不安を隠せなかった。わけのわからない広告だと感じていた。それでも「効果があるかもしれないな」といちおうは認めた。

続いて、取締役会で上映したところ、さんざんな反応だった。すでに買い取ってあるスーパーボウルの広告枠をキャンセルして、金を取りもどせ、と代理店に指示を出したほどだった。テレビ局側は対応に努めてくれたようだが、あらたな買い取り手が見つからない、とこちらに通知してきた。

スティーブ・ウォズニアックは、自分自身の反応をはっきりと覚えている。

「スティーブ（・ジョブズ）から連絡があって、広告を見に行ったんだ。見終わった感想は『このCM、まさに僕たちだ』だった。これをスーパーボウルで流すのかい、とたずねたら、取締役会に反対されちゃって、という返事がかえってきた」

反対の理由の中で、ウォズの記憶に焼きついているのはただ一つ、放映に八十万ドルかかることだった。「一瞬考えたあと、きみが半分出してくれるなら、僕が残りの半分を払うよ、と提案したんだ」

いま振り返って、ウォズは言う。「ずいぶん子供っぽい発想だよね。でも、あのときは大まじめだった」

しかしいずれにしろ、ふたりのスティーブが放映料を負担する必要はなかった。もっと平凡なCMを代わりに流すなどの案も検討されたが、直前になって、販売マーケティング執行副社長のフロイド・クバムが腹をくくり、広告業界の歴史に残る決断を下した。「あれを流そう」

いざ放映してみると、視聴者はあまりの斬新さに釘付けになった。誰も見たことのないタイプのＣＭだった。ユニークさが話題を呼んで、アメリカ各地のテレビ局が夜のニュースでさかんに取り上げ、ＣＭの一部を流してくれた。アップルにしてみれば、数百万ドル相当の宣伝を無料でやってもらったことになる。

ここでもまた、スティーブの直感は正しかったわけだ。放映のあくる朝早く、わたしとスティーブは、パロアルトのコンピュータショップの前を通った。Ｍａｃを予約したくてうずうずしながら開店を待ちわびる人々が、長い行列をつくっていた。アメリカじゅうのコンピュータショップで同様の現象が起きていた。今日では、あのＣＭをテレビ広告史上最高の作品と評価する声も多い。

ところが、アップル社内では、あのＣＭが仇《あだ》になってしまった。ＬｉｓａやＡｐｐｌｅⅡの開発グループのメンバーは、Ｍａｃが急にのさばってきたと不快に感じていたが、ＣＭの反響が大きかったせいで、なおさら嫉妬の炎を燃え上がらせた。製品グループ間のこうした妬《ねた》みは、早いうちならいろいろな解消法があるのだが、ひどくなってからでは手の打ちようがない。あいにくどれも効きめがなかった。アップルの経営陣がもしこの問題をすばやく察知していれば、なんらかの対策を打ち出して、社内の全員がＭａｃを誇りに思い、成功を願うように仕向けただろう。しかしあいにく、この摩擦が深刻な影響をおよぼしつつあるとは、誰ひとり気づいていなかった。

リーダーシップの対立

Ｍａｃをいよいよ世間にお披露目するに先だって、スティーブは全従業員ミーティングを開いた。噂はすでにたっぷり聞いていたものの、開発チームのメンバーを除けば、まだ誰もＭａｃの実物を目にしていなかった。人事部にいたデイビッド・アレラ――前に書いたとおり、まともな経験がないにもかかわらず、わたしが採用を決めた人物――は、Ｍａｃを初めて見たときのようすを話しだすと、とたんに顔を輝かせる。「スティーブのスピーチを聞いて、本当に胸が躍る思いでした。『素晴らしいタイミングで素晴らしい会社にいる』と感じました。あんなに印象的なスピーチは人生初めてでした」

とはいえ、たった一回のミーティングにすぎず、時期も遅すぎる。社内の対抗勢力を押しとどめる役には立たなかった。

スーパーボウルの二日後、ユニークなＣＭをめぐる興奮がまだ全米で冷めやらぬなか、スティーブは、紺色のダブルのジャケットに水玉模様の蝶ネクタイという姿で壇上に上がり、新製品の発表にのぞんだ。のちにこの発表会は、歴史的なイベントと評価されて、彼の生涯の貴重な一ページになる。茶目っ気たっぷりの笑みを浮かべて、かばんからＭａｃを取り出し、自己紹介を促した。Ｍａｃがみずからしゃべったのだ。「こんにちは、Ｍａｃｉｎｔｏｓｈです。あのかばんから出られて、せいせいしています。……手で持ち上げられないコンピュータなんて、ぜったいに信頼してはいけません」。さらにこう締めくくった。「それでは、おおいなる誇りを持って、僕の生みの親ともいうべき人を紹介します――スティーブ・ジョブズです」

聴衆が、割れんばかりの拍手で、スティーブとこの魅力的なパソコンをたたえた。従来とはまるきり違う種類のコンピュータだった。

ジョン・スカリーとわたしは、舞台の袖《そで》に立って見ていた。出番を終えて戻ってきたスティーブが、「人生でいちばん光栄なひとときだった」と言った。気持ちはよくわかる。いま披露したのは、たんなるコンピュータではなく、まったくあらたなコンピュータ体験だったからだ。彼は有頂天だった。

製品の広告塔

製品を柱とした組織は、何をやるにも、製品をもっとも大切な要素とみなす。だからスティーブは、どこへ行っても製品の顔という役割を演じきる。ごくわかりやすい例が、業界展示会などの場でおこなうプレゼンテーションだ。たいがい、せりふの準備にはそれほど気をつかわない。その代わり、製品の見せかたに関しては、非常に細かな点にまで注文をつける。主役となる製品を舞台上のどこに置くか、どんなふうに照明をあてるか、どんなタイミングで登場させるかなどを、厳密に調整する。

プレゼンテーション中のスティーブは、演技のうまい俳優のようだ。いや、俳優よりも達者といえるだろう。俳優は、他人が書いたせりふを覚えてしゃべっているが、スティーブの場合、即興でしゃべる。もちろん、どういったメッセージを伝えるかは前もって胸に刻んであるが、台本は使わない。それでいて、一、二時間ものあいだ、会場に詰めかけた聴衆を魅了し続ける。

製品発表の準備をしている最中は、きまってテンションが高い。どんな製品だろうと、自信をみなぎらせる。つねに沈着冷静だ。たとえば、アップル初のレーザープリンタ「ＬａｓｅｒＷｒｉｔｅｒ」を披露したときのこと。長々と宣伝文句を並べたあと、キーボードを叩いて印刷コマンドを実行したところ……何も起こらなかった。しかしスティーブは、これも予定のうちという何食わぬ顔をして、すぐ話に戻った。白衣を着た技術者グループがあわてて出てきて点検し、ケーブルの差し込みが緩んでいたのをはめ直して、姿を消した。スティーブはふたたびＭａｃのそばに寄って、ボタンを押した。無事、印刷が始まった。彼は一瞬たりとも動揺しなかった。

「ｉＰｈｏｎｅ ４」を紹介した際には、無線ＬＡＮの電波が入らなかったものの、動じるようすもなく、みなさんの無線機器をオフにしてください、と聴衆に頼んだ。すると、干渉がなくなり、電波が入った。

Ｍａｃの発売後、当初の売上げは順調だった。スティーブは最初の百日で五万台売れれば成功とみていたが、実際には七万台以上売れて、さらに上り調子だった。六月だけで六万台以上も売れた。

しかし、それが頂点だった。以後はじりじりと下がるばかりで、少しずつ不吉なきざしが見えてきた。拡張性がないこと、メモリ容量が小さいこと（Ｌｉｓａが1メガバイトなのに対し、Ｍａｃは１２８キロバイト）、ＩＢＭ PC向けには出来のいいアプリケーションソフトが続々と登場しているのに、Ｍａｃ向けはほんの少ししかないこと――こういった弱点が、徐々に深刻な問題になってきた。加えて、パソコン全般（ＩＢＭ PCクローン機も含む）の売れ行きが低迷し始めていた。わずか数年でパソコン革命がめまぐるしく進みすぎたため、利用者たちはひと休みしたくなったわけだ。

売上げや流通の状況がかなり悪化していることに気づいて、スティーブは警戒を強めた。原因はいたって単純だった。初代Ｍａｃには機能を追加できる拡張スロットがないので、小売業者は周辺機器で儲けられなかった。ほとんどを直感的に操作できるだけに、顧客トレーニングで儲けることもできない。コンピュータ本体の利ざやは、たかが知れていた。ショップ側は、周辺機器を売ったりトレーニング講座を開いたりして利益を増やす。

小売店に置かれたＭａｃは、客引きに効果的だった。従来とはまったく異なる新型コンピュータとなると、誰でもいちどは見てみたいものだ。ところが、Ｍａｃを見るだけは見るものの、販売員から、ＩＢＭ ＰＣかそのクローン機を検討したほうがいい、といろいろな理由を並べられるうち、なにより価格が決め手になって、客はＭａｃに背を向けてしまう。

ここでもまた、販売方法が不適切だったことがうかがえる。じつは、販売を促進する策として、店でいちばん多くＭａｃを売った店員に一台プレゼントするという制度をとっていた。恥ずかしながら、わたしの発案だ。結果はといえば、売上げはさっぱり伸びず、店員の離職率が三十パーセントに上昇しただけだった。つまり、無料のＭａｃが目当てで店員になり、もらったらすぐ辞めるケースが多発した。

そうこうする間に、スティーブとジョンの亀裂が深まっていった。

不和から正面衝突へ

Ｍａｃを発売したあと、アップルは、ハワイのワイキキビーチにあるホテルに世界中の営業スタッフを集めて、一大会議を開いた。素晴らしい成果があったものの、このイベントの最中、ジョンとスティーブはほとんど会話を交わしていないようすだった。

スティーブの頭の中には、後年まで続くある認識が芽生えつつあった。すなわち、ＩＢＭ ＰＣは「パーソナル（個人の）」コンピュータと呼ばれているが、現実にはそうではない。企業が購入して各従業員のデスクに置くことを想定したマシンだ、と。

Ｌｉｓａも同じだった。一万ドルという価格だけ考えても、家庭ユーザーに向けた製品ではない。

Ｍａｃは違う。ライバル製品がひしめくなか、ただ一つ、本当の意味で一般消費者向けに設計されている。

なのにアップルは、Ｍａｃを法人に売り込もうと、二千五百人もの営業スタッフを新規採用した。これでは間違った方向にむかってしまうと、スティーブはジョンを説得しようとしたができず、不満をつのらせた。ハワイでの最初の夕食時、ふたりは大げんかになった。ジョンのＣＥＯ就任以来、数カ月にわたって二人三脚の体制が続いていたものの、それももう終わりだと、誰の目にも明らかだった。

あらたなアイデアは吉か凶か

ハワイでの会議からまもなく、スティーブは、実績ある経営者を招いて話を聞きたいと、さかんに言いだした。個人消費者に向けて製品を販売すべきだという熱い思いに、確かな裏付けが欲しかったのだろう。

彼はつねづね、経営管理の能力を磨きたがっていた。そこで、意図をくんだわたしは、経験ゆたかな企業リーダーたちの知恵を借りられるように、「経営リーダーシッププログラム」という制度をつくった。各社のCEOをクパチーノに招いて、あれこれ話をしてもらう。まずは夜、わたしとスティーブを合わせて三人で夕食をとり、翌日、そのCEOを講師に迎えて、幹部スタッフ全員で研修会をおこなう、といった具合だ。フェデラル・エクスプレスのフレッド・スミスほか、著名な経営者が招待に応じてくれた。彼らが明かすさまざまな視点や意見を、スティーブは貪欲に吸収していった。

来てくれたひとりに、クライスラーのCEO、リー・アイアコッカがいる。わたしが依頼の電話をかけたところ、彼はこう言った。「喜んでうかがいたいが、ところでアップルは、うちのダッジを何台リースしてる?」

わたしは「ちょっとわからないので、調べてみます」と約束した。数日後、電話をかけ直して、調査結果を打ち明けた。一台も借りていない、と。

リーは言った。「じゃあ、四台のリース契約を結んでほしい。そうしたら行く」

有名なCEOから一介の営業マンのような売り込みを受けたのは初めてだった。けれども、言われたとおりの契約を結び、彼に来てもらった。

リー・アイアコッカとスティーブ・ジョブズ。敏腕の実業家ふたりが、歴史的な対面を果たした。まるで双子のように似たタイプだった。情熱、製品中心主義、躍動感。それが部下たちへいやおうなしに伝わっていく。

対談中、スティーブが、組織運営に関して質問をぶつけた。スティーブがＭａｃチームをひきいて、アップルは実質的には二つの会社に分裂してしまっていた。リーの助言は、とにかく製品を中心に経営を進めるべき、という内容だった。

「クライスラーでは、すべてが製品を軸に回っている。わたしに会っているきみはいま、ダッジに会っているも同然だ」。リーの考えによると、製品中心主義の最たるものは日本の自動車メーカーだという。アメリカのメーカーの経営は、階層化されすぎていて、上層部の比重が重すぎる。

「成功している大企業も、新しいものを切りひらくベンチャー企業の精神を見習わないといけない」。このアドバイスに照らすと、スティーブが高く評価するソニーも、見習うべき企業といえそうだった。膨大な数の製品を抱えているにもかかわらず、きわめて製品中心の経営だ。わたしたちの過去の経験からもそれがわかるし、リーも認めていた。ソニー製品には、スティーブが手がける製品と同じような、細部へのこだわりや質の高さがうかがえる、と。

この会談を通じて、わたしはスティーブの基本的な姿勢の一つをあらためて強く感じた。どんな企業であっても、たえず社内を見直して、開発から販売にいたるまで、製品にふさわしい環境が整っているかどうか確かめる必要があるのだ。当時のアップルにはその点が欠けていた。

会談を終えたわたしは、スティーブとリーが手を組めば素晴らしいコンビになるのではないかと想像せずにはいられなかった。たぶん、スティーブとジョン・スカリーの組み合わせよりも成果を出せるだろう。ビジネスの価値観がとても似ていた（スティーブとジョンはお世辞にも似ているとはいえない）。ふたりがアイデアをやりとりするさまが目に浮かんだ。リーの経歴はハイテク業界とまるきり無縁だが、そんなことは問題ではない。重大なのは、ビジネスをどう進めるべきか、顧客をどう喜ばせるべきか、ふたりとも本能的に知っているという点だ。しかも、おたがいに敬意を抱き合っていた。

だから、わたしの思いつきに対する答えは明らかだった。「そう、同じ信念を持つスティーブとリーが組めば、最高のペアになる」。ＣＥＯを二名にするという異例な体制でも、うまくいくにちがいなかった。

もっとも、スティーブに最大の影響を与えたのは、フェデラル・エクスプレスのフレッド・スミスだった。従来の販売流通ルートに縛りつけられているＭａｃを解き放つ手段がある、と示唆してくれたのだ。一九八四年の末、全員研修会の前夜に夕食をともにしたとき、ＩＢＭがＰＣの画期的な販売方法を検討していると教えてくれた。フェデラル・エクスプレスの宅配サービスを利用して、工場から直接、消費者のもとへ製品を届けるのだという。アップルにも役立ちそうなやりかただ。

スティーブが目を輝かせ、即座にこんな構想を口にした。フリーモントにあるMac組み立て工場の脇に、フェデラル・エクスプレスの輸送機が発着できる滑走路をつくる。工場でできあがったMacをすぐに輸送機で宅配サービスの集荷場へ運び、そのままじかに購入者のもとまで届ける。出荷の翌日には配達できるだろう。何百万ドル相当もの製品を流通ルートの途中に溜め込まずに済む。Macを見に来た客に、店員がライバル製品を勧めてしまう、といった事態も避けられる。

スティーブは意気込んで、この案をジョンに伝えた。ところが、ジョンにしてみれば、卸売業者と小売業者を経由するルートが自然界の法則であり、それに逆らう方法には違和感があった。直接販売には気が乗らず、成功するように思えなかった。だからこの提案を却下した。

当時のわたしには見抜けなかったが、いま思うと、リー・アイアコッカ、フレッド・スミス、ロス・ペロー（後述）は、アップルの本当の問題点を明確につかんでいたのだろう。それはつまり、誰がアップルのCEOであるべきかという点だ。わたしの答えはみなさんすでにおわかりだろう。CEOはスティーブが務めるべきだった。

大成功を収める人物にはたいてい、良き指導者、いわゆる「メンター」がいる。とくに、キャリアの早い段階でメンターに出会っている場合が多い。わたしが経営リーダーシッププログラムを始めた動機の一つは、そこにある。実績を積んだ企業リーダーたちに会わせるうちに、その中からメンターと呼べる人物をスティーブに見つけてほしかった。結果的には、見つからなかったが……。

しかし、スティーブがときどき尊敬の気持ちを込めて話題に出す人物として――グーテンベルクとヘンリー・フォード以外では――エドウィン・ランドがいる。撮影したカラー写真がすぐその場で六十秒後にはできあがる、あの「ポラロイドカメラ」の発明者だ。スティーブと同様、ランドは大学を中退している。ハーバードを一年でやめてしまった。画期的な新製品を生み出す点でも似通っている。けれども、スティーブが敬愛するほかの英雄とは違い、ランドはまだ健在で活躍中だった。わたしは、ランドに会ってみたらどうかと勧めた。

スティーブは会いに行った。

帰ってきたスティーブは、興奮さめやらぬようすだった。ランドこそアメリカが誇る真の英雄だと感じたらしい。と同時に、ランドが正当な評価を受けていないという感想を持った。ポラロイドカメラを買った消費者は、その陰に驚くべき技術力が潜んでいることに気づかない。ランド自身が調査した結果、そう判明したという（開発の初期、ランドは自前の研究設備を用意するゆとりがなかったため、夜になると、コロンビア大学の研究室に忍び込んでいたらしい）。

この聡明な人物がたどった運命に、スティーブは明らかに同情していた。だがそれ以上に、ランドの話は、スティーブ自身へのいましめになった。Ｍａｃも、自分自身も、同じような運命だけはぜったいに避けなければ、と強い決意を固めたわけだ。

およそ一カ月後、スティーブの興奮ぶりに感化されて、わたしもランドに会うことにした。場所は、ボストンコモン公園の近くにあるレストランだった。スティーブととても似た種類の人物だという印象を受けた。正規の教育はそれほど受けていないが、才気にあふれ、どんなテーマについても非常に興味深い発言をする。品のいい男性でもあった。彼のほうも、スティーブに敬意を抱いたとみえ、アップルを創業し、支えてきた手腕や、Ｍａｃに関する革新的なアイデアに感心していた。

逆風の中で立場を貫く

残念ながら、エドウィン・ランドから受けた刺激は、アップル上層部で進行中の問題の解消には役立たなかった。ジョンがＭａｃを支持しているかぎり、スティーブは社内体制の見直しにあまり本腰を入れなかった。けれども、かねてスティーブが言っていたとおり、このあたりでアップル全体を、機能分野別の組織から、製品中心の組織へ移行すべきだった。Ｍａｃチームの姿勢を全社に広める必要があった。

スティーブの代弁者として、わたしはジョンとたびたび話し合い、社内の業務や焦点をもっと一つにまとめなければいけないと説得した。

ジョンは耳を傾けてくれたものの、従ってはくれなかった。

ジョージ・オーウェルの年が終わり、一九八五年が幕を開けたころ、スティーブはすこぶる上機嫌だった。おもな理由は、外部のソフトウェアメーカー各社から支持を取り付けることに成功し、Ｍａｃ向けのアプリケーションソフトがかなり増える見通しが立ったからだ。新しいアプリケーションソフトは、たしかに最先端で胸おどる出来映えだったが、まだまだ数が不足なうえ、登場時期も遅すぎた。下降線をたどる売上げを一気に変えてくれるほどの力はなかった。

アンディ・ハーツフェルドはこう話す。「スティーブは売れ行きの不調など見て見ぬ振りで、Ｍａｃが大人気、文句なしの成功を収めているように振る舞っていました。だから、Ｍａｃチームのメンバーは、現実とのギャップに慣れていかなければいけなかったんです。リーダーからは、世界を独占してみせるという壮大な計画が、あの手この手で伝わってくる。でも、販売ルートからは、一貫して悪いニュースばかりが入ってきました」

Ｍａｃがパソコンの未来を決めるというスティーブの信念についていえば、ほかのメンバーもあいかわらず同意見だったが、スティーブと違い、初代Ｍａｃに改良を加えなければ売上げを急激に好転させることは不可能と感じていた。

スティーブのほうは悩んだ。どうすれば会社を正しい軌道に乗せられるのか、チームメンバーの熱意をよみがえらせられるのか。彼自身の手に負えないとなると、舵《かじ》取りは人事担当副社長にゆだねられる。わたしだ。

三月、わたしはパハロデューンズ・ホテルで大がかりな社外会議を開催した。Ｍａｃチームと

ＡｐｐｌｅⅡチームの不和、スティーブとジョンの対立が、どちらも深刻になってきたため、その打開策を話し合おうと思ったからだ。後日わたしは、このミーティングを「棚スペース会議」と名づけることになる。

というのも、会議が始まってみると、わたしがあらかじめ決めておいた議事進行を、ジョンが勝手に変更してしまっていた。ジョンは、この場を利用し、Ｍａｃの売れ行き不振を打開する方法について意見を示そうとした。じっくりと四時間かけて、「Ｍａｃの販売量を上向かせるには、自分がペプシで成功したやりかたと同じ、小売店の棚スペースを支配する戦略しかない」という趣旨のことを訴えた。

販売量をふたたび増やすため、棚スペースをあやつる手腕を磨く必要がある。それがジョンの結論だった。当然ながら、そうは事が運ばなかった。わたしとしては、組織内の大きな対立をここで明らかにし、新生アップルを立ちあげたかったのだが、まったく当てがはずれてしまった。

不気味に広がりつつあった黒雲が、ついに嵐に変わったのは、五月の終わりごろだった。ジョンがスティーブに、Ｍａｃチームの責任者から外れてもらうと通告したのだ。もっと全般的な責任を負う地位に昇進することになった。わたしが覚えているかぎりでは、「最高技術責任者」という肩書きだったと思う。

取締役会は、スティーブに適した役割を見つけようと努力した。彼のすぐれた予見力を、アップル社内で活かし続けられないものか。ただ、彼は気性が激しく、経験不足だから、製品グループをまかせるのはもう避けたかった。ジョンの意見も同じで、スティーブにこれ以上、Ｍａｃチームの指揮をとってもらいたくなかった。

さてここで、いままで世間に広まっている情報を訂正しておきたい。このときジョンが（または取締役会が）スティーブを「解雇した」、あるいは「辞めるように勧告した」という話が定説になってしまっている。しかしこれは事実に反する。

その日、スティーブは会社を出て、愛車のメルセデスに乗り込み、深く傷ついたまま走り去った。たしかに、彼は扱いにくい男かもしれないが、業績を見てほしい。Ｍａｃはスティーブが生み出した。売れ行きが鈍っているとしても、改善のきざしが見える。ほかの業界各社は、必死になってＭａｃを真似し、マウスやアイコンやプルダウンメニューなどを組み込もうとしている。

なのに、スティーブはＭａｃチームを奪われてしまった。

スティーブが帰宅してしまったと聞いたジョンは、ひどく動揺し、その日は彼も途中で帰ってしまった。ただし大きな違いは、ジョンの場合、翌朝には戻ってきたことだ。ふだんどおり、非常に早い時刻に出勤してきた。

初めのうちジョンが何度か復帰を促したものの、スティーブはこのあと十年、アップルを離れる結果になる。スティーブを排除したあとのジョンは、社内を再編成し、ますます機能分野別の体制を強化した。それまで独立していたＭａｃチームが、製品開発部門に組み込まれ、デル・ヨーカム副社長の管轄に置かれた。とはいえ、わたしの知るかぎり、デルはそれまで製品開発の経験がほとんどなかった。

この動向は、一見すると、ふたりの最高幹部の権力争いに思えるだろう。しかし、はるかに深い意味を持っている。きっちりした製品戦略を持たず、製品グループを明確にしないまま、機能分野にもとづいて体制づくりをした場合、企業がどうなっていくかという実例だ。

本書で取り上げているリーダーシップ、いわば「iリーダーシップ」は、べつに、何年もかけてスティーブから学びとったわけではない。IBMやインテルで働いた経験を持つわたしは、スティーブがまったく対照的なやりかたを推進しようとしているのだとすぐに理解できた。製品を軸に体制を整え、法人ではなく個人消費者を意識しながら、製品の開発やマーケティングに取り組もうとしたわけだ。

けれども、アップルを製品中心主義の企業にするというスティーブの夢は、ここで挫折した。このあと十年、アップルはさまざまな理由で経営難に苦しむはめになる。最大の原因は、製品を軸にした組織づくりができていなかったことだ。スティーブの発想は、同じ時代のほかの経営者よりもずっと先進的だったが、あいにく、自分の中には理想が思い描けていたものの、他人にうまく伝える方法がまだつかめていなかったせいで、みずから抜擢したCEO、ジョン・スカリーを説得できなかった。

やがてスティーブが復帰するまで、アップルは職務別の体制を維持し続ける。

この一連の流れを間近で見ていたわたしは、自分のアイデアを周囲にじゅうぶん理解させることと、説得力を磨くことが、企業リーダーには非常に重要なのだとつくづく感じた。製品中心の考えかたを社内に定着させるためには、会社組織そのものを製品中心型に再編成しなければならない。

さて、スティーブは――次の一手をどう打つのか。

7　勢いを保つ

ほとんどどんな起業家も、企業幹部も、企業そのものも、ときには窮地に陥るものだ。企業の規模には関係なく、個人経営だろうと、世界をまたにかけた巨大企業だろうと、事情は変わらない。いやおうなしに転換期にさしかかって、とうてい乗り越えられそうにないほどの分厚い壁にぶつかる。

スティーブの考えによると、チャンスの始まりは「満たされていない欲求」にある。その欲求にこたえる製品をつくることができれば、「必需品」として重宝される。最初は、ウォズがつくっていたマシンにその種の可能性を見いだした。設計を工夫し、小型の安い製品に仕上げたら、コンピュータはおおぜいの必需品になるだろう、と。コンピュータを自作するようなマニアだけではなく、ごく一般の、スティーブ自身のような人々にも役立つ。

あるものが心から欲しいと思っているときは、他人を説得する言葉にもおのずと力がこもる。スティーブはその事実をつねづね承知している。

製品中心主義の起業家は、製品から製品へ重点を移していく。「ビジネスをしていれば、誰だってそうでは？」と思うかもしれない。しかし、製品を中心に考えている者は、次はどんな製品を市場へ送り出すべきだろう、といつも構想を練っている。一方、たいがいの人は、自分にとって次のチャンスは何だろうか、という視点に立つ。それが会社から会社へ移籍するというかたちをとるぶんには問題ないのだが……。

ジョン・スカリーが以前いたペプシコの場合、「次の製品」といっても、従来製品とそう根本的な違いはない。その影響なのか、ジョンはアップルでも、次の製品を重視せず、「次のチャンス」にばかり目を向けていた。ヒューレット・パッカードの元CEO、マーク・ハードは、八年間で三社を渡り歩いた――が、製品は一つも生み出さなかった。ありがちな話だ。ほかの人物についても考えてみてほしい。伝統的な企業のリーダーは、このタイプに当てはまることが非常に多い。

企業再編の失敗例

一九八五年の秋、スティーブ・ジョブズは危機に瀕していた。彼は、会社間を渡り歩いたりせず、製品に密着して生きる人間だ。なのに、自分が共同設立した企業から厄介払いされてしまった。二億ドル相当の資産があっても、慰めにはならなかった。コンピュータ利用のありかたを一変させてみせるという強い信念のもと、これまで熱心にＭａｃ開発プロジェクトを進めてきたにもかかわらず、突然、プロジェクトを奪い取られてしまったのだ。

わたし個人の気持ちをいえば、スティーブがアップルを去ることに衝撃を受けたのはもちろん、ほかの優秀なエンジニアもあとを追って辞めていくのではないかと心配だった。おもな人材がごっそりいなくなったら、アップルの製品開発は先へ進めなくなる。ジョンも、スティーブの退社を残念がっていた。当時、幹部や取締役はみんな、ジョン自身が無念の思いを口にするのを聞いたし、後年には、おおやけのかたちで後悔の言葉を述べている。

ここで堂々とわたしの意見を言わなければと考えて、取締役会のメンバーに「大きな間違いを犯している」と伝えることにした。まず、マイク・マークラに電話をかけ、一時間にわたってわたしの考えを表明した。Ｍａｃチームを子会社としてスピンオフし、スティーブを責任者にすえるべきだ、と。しかしマークラの返事は、「スティーブは未熟すぎる」だった。

続いてわたしは、アーサー・ロックに会うため、サンフランシスコの妙に薄暗いオフィスへ出向いた。彼は、来てくれてありがとうと言い、わたしの提案に耳を傾けて、若干のコメントを加えたものの、「では、取締役会で審議する項目の一つとして頭に入れておくよ」という程度の反応に終わった。

次に、ロサンゼルスへ飛び、ヘンリー・シングルトンのオフィスを訪れた。こちらも、前のふたりと同じ、消極的な態度だった。

数日後、スティーブに招かれて、ウッドサイドにある彼の自宅でいっしょに昼食をとった。千四百平方メートルほどの広めの家だが、わたしの知るかぎり、あまり家具がそろっておらず、ごく一部分しか使っていないようすだった。料理と家事全般をまかされていたハウスキーパーが、食事を用意してくれた。ひよこ豆のペーストとサラダ。仏教徒に似つかわしいメニューだ。食事を通じてわたしへの感謝をあらわしたかったらしい。

取締役のメンバーを説得して回ってくれてありがとう。きっと正当な決定がくだると思う、とスティーブは言った。

そのあと、ジョンが会議を開いて、アップルの副社長全員を集め、CEOジョン・スカリーに忠誠を誓わせた。わたしは拒否して、アップルと従業員と株主に忠誠を誓う、とこたえた。

何日か経って、ジョンがわたしを執務室に呼び出して言った。「きみを解雇しないでおく理由があれば言ってもらいたい。わたしがスティーブに関して大きな間違いを犯していると、取締役会のメンバーに触れまわったそうじゃないか」。わたしは、ジョンとスティーブの反目はばかげていると指摘した。さらに、こう続けた。アップルはいま事実上、Ａｐｐｌｅ ⅡとＭａｃで二つの会社に分裂しているけれど、社の未来を背負う製品はＭａｃだし、Ｍａｃはスティーブの将来構想から生まれた。ＡｐｐｌｅⅡのほうも、技術的な寿命を終えるまでのあいだ、ジョンがなんらかの扱いを考えてやらないといけないが、その後はスティーブにまかせて、Ｍａｃに市場を引き継がせるべきだ。

これを聞いたジョンは、わたしをクビにはせず、いっしょにアップルを支えてほしいと言った。わたしは「救世主をひとり失うのだから、もう片方の救世主を呼び戻すという手もある。スティーブ・ウォズニアックに電話して、仕事に復帰してもらってはどうか」と提案した。ジョンはそのとおりにした。おかげで、アップルの従業員は、もうしばらくのあいだ、社の未来に希望を抱いた。

取締役たちを説得する作業は難航した。もともとスティーブは、力関係をめぐる駆け引きなどしたことがない。そんな真似は性分に合わないのだ。それにひきかえ、CEOのジョンは、ビジネスですでに実績があり、ウォール街からの信頼も厚いので、取締役会メンバーの支持を得やすい。もちろん、スティーブには創業者のひとりという強みがあったものの、ずけずけとものを言う性格だったし、彼の言葉どおりにMａcが大成功する保証はどこにもなかった。実際の売れ行きは、彼の予想をはるかに下回っていた。それに、ジョンにしろ取締役たちにしろ、Mａcをつぶそうとしていたのではない。復調のきざしが見えてきたら、ほかの誰かを責任者にすえて、引き続き開発を進めればいい。

そんなわけで、わたしはどの取締役の気持ちも動かすことができなかった。少なくとも、結果には出せなかった。

スティーブは、アップルをまったくのゼロから二十億ドル企業に育てあげ、「フォーチュン500」の三百五十位にランクインさせた。また、彼が去ったあとも、アップルはMａcのおかげで五倍の規模に成長した。がしかし、スティーブはいまも、この時期の騒動のせいでアップルは大きな痛手をこうむった、アップル製品の愛用者を減らしてしまった、と感じている。

スミソニアン研究所のインタビューにこたえて、彼はこう語った。「問題は、急速な成長ではなく、価値観の変化だったんだ」。アップルにとっていちばん大切なものが、製品から金儲けに変わってしまった。ユニークで革新的な製品が人気の原動力だったのに、あらたな経営陣は、昔ながらのビジネス慣習を無理にあてはめようとした。

四年ほど、多額の利益に恵まれていたのは事実だが、利益優先の方針を打ち出したため、むしろ失速へ向かっていった。スティーブの意見によれば、利益はほどほどで我慢しながら、一方で、すぐれた製品の開発に力を入れて、市場シェアを伸ばしていくべきだった。その戦略なら、Ｍａｃはパソコン市場でシェア三位か四位をつかめたにちがいない、という。ところが現実には、マイクロソフトの「Ｗｉｎｄｏｗｓ」にパソコンの世界を支配されてしまった。

悲劇からの復活

スティーブは、アップルの株式を一株だけ残してすべて売却し、「一億ドル相当の資産を持つ男」から「一億ドルの現金を持つ男」に変わった。とくに計画があるわけではない、世界旅行でもして各地をめぐってみようかと思う、と彼はわたしに打ち明けた。事実、彼はイタリア行きの飛行機に乗った。

続く数週間にわたって、スティーブと個人的にも親しかったアップル従業員、スーザン・バーンズ・マックが、彼に何度も電話をかけ、戻ってきてほしい、部下たちが寂しがっていると伝えた。

元来、スティーブは何もせずに漫然と生きていける人間ではない。ひと月半かふた月ほど過ぎたころ、アメリカに戻ったとわたしに連絡してきた。

彼の肩を持って取締役会のメンバーを説得した件について、あらためて礼を言ってくれた。もっとも、わたしは、スティーブの身を案じたからではなく、アップルの将来には彼の存在が不可欠だと思ったからこそ、行動を起こしたにすぎない。

スティーブはあらたな作戦を練っていた。「もういちど、取締役会の気持ちを変えさせる努力をしてみたい。『スティーブを返せ』という文字を入れたTシャツをつくるんだ」

なるほど、とわたしは思った。じつにうまい手だ。

「昼休みに従業員をみんな集めて、そのTシャツを配ってくれないかな？」

それは困る。

ことわるしかなかった。「悪いけど、わたしは曲がりなりにもアップルの幹部だから、それはできないな」

スティーブは「そうか。でもとにかく、いいアイデアだよね」というようなことを言った。

その点には、わたしも異存なかった。

ゲームオーバーには早すぎる

一時期、スティーブは業界から足を洗ったかのように見えた。意外だった。わたしの知っているスティーブは、簡単にさじを投げたりしないはずだが……。

やはり、彼はまだあきらめていなかった。ピンチに陥ったときの模範的な行動をとった。すなわち、新しい道が見つかるまで、ひたすら前進した。製品重視の人物ならではの根性と積極性を示してみせた。

世界旅行のさなか、スティーブは、ノーベル化学賞を受けたスタンフォード大学教授、ポール・バーグと以前かわした会話を思い出していた。フランス大統領のフランソワ・ミッテランを招いて同大学で夕食会があった際、スティーブはバーグ教授と隣り合わせになったのだ。バーグ教授は、パソコンがもっと高性能になれば、いまの学生の研究室では処理できないくらい複雑なシミュレーション実験もできるのだが、と話した。既存のパソコンではとうてい力不足だった。

アップルにいるころから、スティーブは、Ｍａｃの高性能バージョンを構想して土台固めにとりかかっていた。プロセッサーチップが着実に高速化し、ハードディスクの容量も増えてきたことを考えると、教授の願いはそろそろ実現可能なのではないか。

旅行から帰ったスティーブは、バーグ教授のもとを訪れた。「前に話題にのぼった件ですが、教授がおっしゃっていたような高性能マシンは、大学関係者のあいだで高い需要があるんでしょうか」

教授の返事を聞いて、スティーブは、やはりこの分野は有望だと感じた。

ほどなくして九月中旬、四半期に一度の本格的なアップル取締役会が開かれた。運命とは皮肉なものだ。前に書いたとおり、かつてスティーブは、製品開発副社長に任命してほしいと、暫定ＣＥＯのマイク・マークラに頼んだのだが、製品の決定権を持たせるのは危険と判断されて、会長職を与えられた。

それっきり放置されていたため、この九月の会議で進行役を務める人物は、そう、ほかならぬスティーブ・ジョブズだった。

わたしはふだんから取締役会にほとんど出席するが、とりわけ、この会議には出ないわけにいかなかった。会議室の空気は張り詰めていて、いつもと違い、笑顔もなごやかな雑談もなしだった。過去三カ月、アップルは前例のない大規模なレイオフを断行し、深刻な売上げ低迷と財政危機に見舞われていた。この先どうなるか、誰にも予想がつかなかった。取締役は全員、緊張の面持ちだった。もしかすると、経営再建とは別の心配をしていたのかもしれない。スティーブがアップルの買収をもくろんでいるらしい、という噂がみんなの耳に入っていたからだ。もしそんなことになって、スティーブが無茶な方向へ突っ走り、この会社がつぶれてしまったら？　取締役会には、暴走を防ぐ義務がある。それに当然、メンバーの誰もが相当数のアップル株を持っていたから、会社が倒産したりすれば、自分自身の資産も少なからず痛手をこうむる。

ひとまずは、幹部たちが通常どおりの業務報告をおこない、売上高、在庫数などの数字を発表した。あいかわらず厳しい状況だった。売上げの下落が止まらない。明らかにアップルは苦境に立たされていて、短期的な解決策など見つかりそうになかった。従業員の意欲も、いまだかつてなく低くなっていた。仲のいい同僚が、次々に、私物をまとめて去っていくのだから、むりもない。「あすは、わが身か？」と気が気ではないだろう。

報告が終わり、スティーブの番になった。彼は驚くべき要求を出して、全員を仰天させた。正確な言葉は忘れたが、だいたいの内容をしるしておこう。「僕はこれから新しい会社を設立する。アップルと競合するつもりはない。僕の新会社は、大学向けのコンピュータをつくる。下級のスタッフを何人か連れていきたいと思う」

ここまでなら、わたしはすでに知っている事柄だった。わたしも含め、出席者みんながびっくりしたのは、そのあとだ。「そこで、僕の会社にアップルから投資してほしい」あちこちから、安堵のため息が漏れたほどだった。非難も、怒りも、なんの感情もぶつけられずに済んだせいだ。

ほんの数分ばかり討議した結果、ジョンとスティーブでさらに話し合い、協力が可能かどうかを決める、という方向で合意に達した。

建物から出ると、おもては真っ暗だった。会議は三時間におよび、夜十時になっていた。

さっそく翌日の朝、スティーブはジョンに会い、いっしょに新会社へ移籍することで合意ずみのメンバーを明らかにした。メンバーのリストには、事務方の数人のほか、リッチ・ペイジ、ダニエル・ルインなどの名前が入っていた。

ジョンはわたしに電話で内容を伝えて、「どうやら、誰にとっても悪い話じゃなさそうだ」と言った。

そこでわたしは事態を説明した。リストに載っているメンバーは、下級のスタッフどころではない、と。リッチ・ペイジは、Ｍａｃの上位マシンの開発にたずさわってきた重要人物だ。百万ピクセルの画面解像度に加え、大容量のメモリやハードディスクを内蔵しようと考えている。ダニエル・ルインは、教育市場を開拓してきた立役者で、Ａｐｐｌｅ IIｅを学校に寄付する「子供は待てない」キャンペーンを指揮してきた。さらに、「アップル・ユニバーシティ・コンソーシアム」という制度をつくって、大学の教職員や学生に製品を大幅割引で販売し、成果をおさめている。

「スティーブは、アップルと競合するつもりはない、なんて言ってましたが、重要なメンバーを引き抜こうとしていますよ」と、わたしは警告した。引き抜きによる実害も心配だが、それだけでなく、残った従業員がアップルに強いマイナスイメージを抱きかねない。

結局、スティーブの新会社設立は認めるものの、これ以上の引き抜きは許可しないという条件で、話がまとまった。

こうしてスティーブはネクスト・コンピュータを設立（初めは、つづりがＮｅｘｔだったが、まもなくＮｅＸＴに変更）、アップルで次世代Ｍａｃとして実現したかった汎用の高性能マシンをつくり始めた。かねてから彼は周囲の人々に、アップルの保護下でなくても自分は偉大な製品をつくれる、と公言していた。その言葉をいよいよ実証してみせることになる。

ネクストが旗揚げした当初、わたしは――スティーブがいなくなったショックから、ようやく立ち直り始めてから――こう思った。スティーブのビジネス哲学をあらわすのに、「ネクスト」ほどふさわしいネーミングがあるだろうか。彼は元来、じっとしていられない性分なのだが、と同時に、ビジネスでは、とくにテクノロジー業界では、じっと立ち止まっていてはだめだと身に染みている。

近年のスティーブは、快進撃に次ぐ快進撃を続けているものの、ここまででもわかるとおり、過去いくつか大きなつまずきを経験したからこそ、現在の成功がある。とはいえ、どの時点でどんな事態に直面していても、スティーブの物語は終始一貫している。「次の大きな何か」を追い続ける一大英雄記なのだ。

しかし正直、アップルから独立して成功できるのか、わたしには確信が持てなかった。スティーブ本人も含め、誰にもわからなかった。「死ぬほど怖かった」と彼はわたしに打ち明けている。

開発者のポリシーを反映した製品づくり

これから挙げる事実のうち、どれがいちばん注目に値するだろうか。以後十年間、スティーブがアップル社内に足を踏み入れなかったことか？　それとも、ネクストが開発したプラットフォームが、Ｍａｃの次世代オペレーティングシステムの基盤になったことだろうか？　あるいは、当時のワークステーションは個人にはとうてい手の届かない数十万ドルという価格設定だったのに、スティーブがまた究極の使命を追求し、一般消費者向けの製品をつくろうとしたことか？

いや、さらに見逃せないのは、スティーブがネクストで築きあげた企業文化だ。階層型の組織を廃して、福利厚生を充実させ、ひとりひとりを「従業員」ではなく「メンバー」ととらえ、新しい仕事のやりかたを開放感のあるオフィスという目に見えるかたちでも表現した。いずれも、のちの新生アップルの原型だ。ネクストの優秀な技術専門家、製品責任者、マーケティング担当者たちは、このような型破りな企業文化のおかげで生まれたといっていい。そのうち多くは、スティーブとともにアップルに復帰して活躍する。

わたしはこの時期のスティーブを、「ネクスト島」に島流しされたのだと解釈している。ただ、スティーブにとって、ネクストはあくまでアップルの代わりだった。頭の中では、引き続き、Ｍａｃの未来を思い描いていた。次世代のＭａｃの姿をＮｅＸＴマシンに託そうとした。

一方、アップル社内はといえば、見えないスティーブがまだ君臨しているかのようだった。スティーブが去ったあとで入社した従業員でさえ、彼の痕跡を感じずにはいられなかった。

彼に直接会ったことのないある女性従業員が、こう証言している。「アップルはいまだにスティーブ・ジョブズの会社だと感じました。彼の誇り、エネルギー、熱意が、いたるところに広がっていましたから……。彼のもとで働いていた人たちがおおぜい残っていたので、同じ精神がまだたしかに息づいていたんです」

わたしたち企業リーダーがめざす理想形だろう。オーラがあまりに強烈なので、本人がいなくなったあと、じかに会ったことすらないスタッフまでが、存在を意識せずにはいられなかったわけだ。

思わぬ試練を受け入れる

壁に突きあたっても、まだ新しい挑戦を続けていくためには、よほどの根性が必要だろう。お坊ちゃん育ちのビジネススクールの学生だったら、無謀とみて、すぐあきらめるにちがいない。NeXTコンピュータを夢のマシンにしようと努力するかたわら、スティーブは、またあらたな高性能の専門用途向けコンピュータに出合った。しかも、そのコンピュータの開発部の経営者は、人材も技術もソフトもまるごと全部売却したいと考えていた。

その開発部とは、ルーカスフィルムのデジタル画像アニメーション部門だ。ジョージ・ルーカス監督がカリフォルニア州マリン郡に持つ映画製作会社の傘下にあたる。ルーカス監督は、離婚の慰謝料を用意するため、同部門の売却を検討していて、スティーブはそれを聞きつけた。

買い取りを狙っている者はほかにもいた。たとえば、実業界の大物で、大統領候補にもなったロス・ペロー。彼は、みずから設立したEDSをゼネラル・モーターズ（GM）に売却し、GMの取締役に就任していた。フィリップス、EDS、ルーカスフィルムの三角取引を通じて、アニメーション部門を獲得する腹づもりだった。いったんは話がまとまり、万事順調だったのだが、GMのある取締役会でペローが経営陣の無能ぶりを批判したせいで、事態は急に暗転した。ペローはGM側の交渉役から外されてしまった。ルーカスフィルムのアニメーション部門はふたたび売却先を探し始め、そこへスティーブが名乗りをあげた。

わたしから見ると、とても納得のいく動きだった。スティーブが映画好きなのをよく知っている。テクノロジーに関するスティーブの才能と、映画の製作とは、非常に相性がよさそうに思えた。わたしの予測では、今後、スティーブはアップルを映画業界の方面に深くかかわらせていくと思う。

ご存じだろうが、このアニメーション部門はやがて「ピクサー」と命名される。スペイン語ふうの響きを持つこの社名には、「ピクチャーをつくる」の意味が込められているらしい。ニューヨーク出身のコンピュータグラフィックス（CG）専門家、エド・キャットムルとアルビー・レイ・スミスが中心的な人物だった。ピクサー誕生のはるか前から、ふたりの目標は決まっていた。全編がCGのみの長編アニメ映画を仕上げることだ。

開発チームの三番手は、ジョン・ラセター。かつてディズニーにいた敏腕のアニメーターだ。彼の任務は、ピクサーが開発中のアニメーション向け新型コンピュータを活用して、いろいろな短編映画をつくり、CGの可能性を広く知らしめることにあった（彼をめぐっては、多くの本や記事に誤りがある。スティーブがラセターを見いだして雇った、と書かれている場合が多いが、じつは、彼を発掘したのはキャットムルとスミスだ。スティーブが買収に乗りだす前から、ラセターは在籍していた）。

さかのぼること数年前、スティーブがアップル社内で苦境に差しかかっていたころ、ラセターは、最も有力なCG業界団体が開く年次会議「シーグラフ」で脚光を浴びた。スミスが監督・脚本、ラセターがアニメーション作成を担当した短編『アンドレとウォーリーBの冒険』が絶賛されたのだが、この作品はなんと、たったの九十秒だった。

当時、CGには明らかにかなりの限界があった。登場人物の顔にはまだ感情表現を込められなかったため、繊細なストーリー展開は不可能だった。CGは、一部の場面の特殊効果に使われたり、万華鏡のような抽象的な模様で成り立つ短編映画に活かされたりする程度だった。ところが、スミスとラセターの『アンドレとウォーリーBの冒険』には、観客の感情を揺さぶるきちんとした物語が盛り込まれていた。CG業界の誰よりも、はるかに最先端を行く完成度だった。

ルーカスから買い取ったアニメーション部門をピクサーとして独立させたあと、スティーブは、キャットムルもスミスもじつはコンピュータにあまり深い興味を持っていないことに気づいた。ふたりとも、デジタルアニメーションを製作するための道具とみなしているにすぎなかった。皮肉な話だ。スティーブがCG会社をあやつるつもりで経営に乗りだしたのに、ふたりの創業者のほうは、しょせんコンピュータは物語を力強く肉付けするのに便利な道具としか考えていなかった。スティーブは、高性能の画像処理が必要な顧客を探しまわって、結局、七都市に営業オフィスを置いた。またしても、やるからには徹底してやる人間であることを証明したわけだ。

ピクサーの前に立ちはだかる壁の一つは、コンピュータ技術がまだ未熟なため、CGだけで長編映画をつくるのは難しいという点だった。しかし年々、実現が近づいてきていた。ラセターひきいる製作チームも、毎年、ピクサーの最新技術を見せつける短編作品をつくって、シーグラフで披露した。一九八六年にダラスでシーグラフが開催された際には、『ルクソーJr.』を上映して、アニメーション界の歴史の一ページを刻んだ。監督、アニメーション作成ともラセターが担当したこの短編は、不思議なほど感情表現ゆたかな、大小二つのデスクランプが主人公だ。この作品の成功により、ピクサーの本格的な活躍が始まったので、記念として、同社の劇場用映画のオープニングには必ず、デスクランプのかたちのロゴが出る。

技術のたゆまぬ進化のおかげで、『ルクソーJr.』には、従来のピクサー作品よりもいっそうみごとに情緒があらわれていた。ついに、CG技術を本格的な物語に活用できる段階が来たのだ。『ルクソーJr.』の初上映を見た六千人の観客は、熱狂的な拍手をいつまでも送り続けた。以後、この作品は、ワシントンDCのCINE映画祭でゴールデンイーグル賞をとり、アカデミー賞の最優秀短編アニメ賞にもノミネートされた（CG作品のノミネートは史上初）。オスカーの受賞は逃したものの、『ルクソーJr.』がピクサーの――さらにはCG業界の――重大な転機だったと、キャットムルは高く評価する。

業績低迷にもめげず勢いを保つ

スティーブは、一般消費者向けの製品を磨きあげる天才だ。「シンプルであるほど良い」という価値基準を軸に、余分なものをそぎ落とし、洗練させていく。多機能すぎて複雑な製品をシンプルにして、本当に役立つ素晴らしい部分をきわだたせる。製品を発売するタイミングについても、非常に鋭い感覚を持っている。消費者がいつ何を求めているか、正確につかんでみせる。消費者への配慮を忘れると、まずい結果になる。逆に、忘れなければ、スティーブはきまって最高の仕事をやってのけ、どんな厚い壁も乗り越える。

一九八八年初め、スティーブは明らかに窮地に陥った。ピクサーもネクストも、収益が不十分だった。ともに業績が低迷していたため、スティーブは毎月、自分の銀行口座から補填しなければならず、純資産が減る一方で、先々が不安になってきた。ピクサーだけ考えても、画像ソフトウェアのライセンス料、テレビCMの製作、画像処理コンピュータの販売（顧客はおもにディズニーと政府機関）といった収入では、支出のおよそ半分しかまかなえなかったため、スティーブはひと月あたり三十万から四十万ドルも送金し続けて、経営を支えなければいけなかった。

同年春、エド・キャットムル、アルビー・レイ・スミスをはじめ、ピクサーの最高幹部たちと月例会議にのぞんだ。ピクサー側は、今後の厳しい見通しをあまり認識していなかった。

スティーブは警鐘を鳴らした。もう限界に来ている、このまま同じペースで赤字を補填することはできない、と。人員その他を削減するしかない。ピクサーの幹部たちはショックを受けた。一九七〇年代半ばから長い時間をかけて築いてきた、業界最高のＣＧチームが、たちまち台無しになりかねない。

けれども、背に腹は代えられなかった。では誰をクビにするのか？　憂鬱な議論が果てしなく続いた。ようやくけりがついて、スティーブは帰ろうとしたが、ピクサーの販売マーケティング副社長、ビル・アダムズが、重大な問題点を指摘した。

もし次のシーグラフで、いつもどおり新しい短編作品を上映しなかったら、不穏な噂を呼びかねないのではないか。前年より大幅に進化した技術を見せつけられなかったら、世間が不安を抱くだろう。「いまピクサーの画像ソフトを買ったとして、この先、サポートやアップグレードを何年かちゃんとやってくれるのだろうか？」と疑問視されてしまう。ほぼまちがいなく、売上げは打撃を受ける。

財政難とはいえ、新作の短編作品には予算を注ぎ込まないと、ピクサーの将来があぶない。事態はいまよりさらに深刻化するはずだ。

ほかの幹部も、ビルと同意見だった。スティーブはじっと耳を傾けていた。もっともだと考えたにちがいない。

やがてスティーブは、何か新作のアイデアはあるのか、とたずねた。ラセターが案を持っていた。じつにみごとな絵コンテを用意してあり、次期プロジェクトとなる『ティン・トイ』のおおまかな雰囲気を明らかにした。スティーブは素直に感心し、かなり迷った末に、製作費を出そうと決意した。懐具合が苦しいものの、やってみるしかない、と。結果的には、素晴らしい判断だった。

ピクサーの新作短編は、毎回、新境地を切りひらいていった。『ティン・トイ』も、当時としてはきわめて斬新だった。主人公の幼児がリアルに生き生きと描かれていた。その時点までは、CGで人の顔に感情を持たせるのは不可能ではないのか、と懐疑的な声も多かった。しかし、完成した『ティン・トイ』は、その不安を吹き飛ばした。こんどはオスカーの最優秀短編アニメ賞にも輝いた。

アップル時代に築いた二億ドルというスティーブの個人資産は、じつに膨大な金額に思える。いや実際、膨大な金額だ。けれども、危険な勢いで目減りし続けていた。

スティーブが私費を投じてまで『ティン・トイ』を製作しなかったら、その後の展開はありえなかっただろう。ディズニーの経営陣が、ようやく少しずつ、CGの将来性に気づき始めた。どうやらCGには、『白雪姫』や『シンデレラ』のような名作を生み出すだけのパワーがありそうだった。ピクサーは、ディズニーの幹部から何度か打診を受けたあと、バーバンクにあるスタジオへ出向き、「ディズニーの出資で一時間のテレビアニメを製作したい」と提案した。

驚いたことに、ディズニー側はこの案を退けて、「劇場用の長編アニメ映画をつくってもらいたい」と逆に提案してきた。

協議を重ねた結果、キャットムルとスミスの長年の夢がついに現実化した。ピクサーが製作し、ディズニーが配給する。世界初のフルCG劇場映画だ。

昔からよく言われるように、人間は常日ごろ、予期しない出来事に備えておくべくだ。ピクサーは、まさか劇場映画の依頼を受けると思っていなかったが、前々から目標として念頭には置いていた。

ラセターはとりあえず、ディズニーのジェフリー・カッツェンバーグに、ごく簡単なアイデアを示した。仮題は『トイ・ストーリー』。当初の筋書きや登場人物は、以後、大きく変更されたものの、仮題はそのまま本採用された。カッツェンバーグという人物は、ディズニーのCEO、マイケル・アイズナーの直属で、ウォルト・ディズニー・スタジオの総責任者を務めていた。仕事のパートナーとして、やりやすい相手ではない。自他ともに認める暴君だ。それを誇りにさえしているきらいがある。しかし、ラセターを筆頭とする製作チームにとっては、よきアドバイザーになった。カッツェンバーグは「これをやれ」「あれをやれ」と指図はしない。その代わり、「これじゃあ、だめだ」とダメ出しをする。たとえば、一部のシーンを試写している最中、話のテンポが悪くなってきたと感じると、「観客がポップコーンを買いに行っちまうぞ！」とラセターを叱咤《しった》した。

製作は長期におよび、経費がかさみ続けた。途中、ディズニー側から待ったがかかって、内容上のいくつかの難点――たとえば、ウッディの性格が消極的すぎ、冷淡すぎるなど――を解決するまで一時中断せよと命じられ、数カ月の空白があいたりした。結局、六百万ドルも予算をオーバーしてしまった。ディズニーの要求により、スティーブは個人資産を担保に三百万ドルの融資枠を得て、映画の完成を保証しなければいけなかった。

スティーブは、ディズニーと手を組んだことを後悔し始めた。ピクサーなんて買収するんじゃなかった、とまで考えかけた。予算オーバーを考慮すると、『トイ・ストーリー』の収支は悲惨なことになりそうだった。最近のディズニー・アニメ映画のどれよりもヒットしないかぎり、投資の元がとれない。計算上、最低でも一億ドルの大ヒットを記録しなければ、スティーブには利益が入らないのだった。

ここに来てようやく、ディズニーがなぜいろいろな関連商品――玩具、ゲーム、人形、Tシャツ、ファーストフード店とのタイアップなど――で儲けたがるのかがわかった。映画そのもので黒字が出なくても、キャラクターグッズその他でそれなりの収入を確保しようとしているわけだ。スティーブはハリウッドの知恵を吸収し始めたものの、どうやら授業料がかなり高くつきそうだった。

ところが突然、事態が変化した。本格的な映画製作は初挑戦だったものの、仕上がりの素晴らしさが認められたのだ。ディズニーのCEO、マイケル・アイズナーが、『トイ・ストーリー』の公開延期を決めた。当初の予定よりずらし、クリスマスシーズンの目玉として公開するためだ。

完成後、アイズナーは「見ごたえ満点で、しかも愛すべき映画」と絶賛した。

『トイ・ストーリー』のプレミア試写会にこぎつけるまで、契約調印から約五年の月日がかかった。けれども、製作にかかわった誰もが、こらえて奮闘したかいがあったと感じていた。事前には、「ハイテク業界のスティーブ・ジョブズが指揮をとる会社などにまかせて、はたして賞賛に値する芸術作品をつくれるのか」と懐疑的な人々も多かった。だが、この種の意見には誤解があった。当初から、スティーブは契約の実務面を受け持つにすぎず、創作内容に関する決定はすべて、もともといるクリエーターたちがおこなう取り決めだった。

ついに一九九五年の十一月末、完成試写会がおこなわれた。たちまち、批評家からも、親からも、子供からも、賞賛の声が寄せられた。世界中のあらゆる観客層に大好評だった。最終的な製作費は三千万ドルにのぼったが、興行収入はアメリカだけで一億九千万ドル、全世界では三億ドルに達した。製作したピクサーは、一躍、ハリウッドのトップクラスとみなされるようになった。

この原稿を執筆している二〇一〇年の時点でいえば、ピクサーはハリウッドの大手映画製作会社の中でただ一社、きわだった特徴を持つ。公開した映画でいちども赤字を出したことがないのだ。

それもこれも、もとをたどればスティーブ・ジョブズの功績といえる。不安を抱きながらも、スティーブがピクサーの初期の短編映画に出資したおかげだ。

『トイ・ストーリー』の製作中、ピクサーの残りのスタッフは、二つの開発作業に力を入れていた。一つは、画像処理コンピュータの高性能化。もう一つは、アニメーション用ソフトウェアの改良だ。画像処理能力に長《た》けた「ピクサー・イメージ・コンピュータ」は、大型画像や細密画像を文書とともに記録したい利用者に向いている。この専門的なマシンにはじゅうぶんな需要があるはず、とスティーブは踏んでいた。

しかし、あてが外れた。最初に発売した一九八六年、このマシンを動かすにはまず約二十万ドルの初期投資が必要だった。また、機能はたしかにすぐれていたが、操作が非常に難しく、コンピュータ専門家でないと対処しづらかった。

ピクサーは全社を挙げて、このマシンを医療業界へ売り込もうと努力した。だがあいにく、デモを見た医療関係者はほぼ一様に、使いこなせるようになるまで時間がかかりすぎる、と採用を見送った。病院のスタッフらは、ただでさえ忙しい。ピクサーのマシンは、値段が高すぎ、操作が難しすぎ、市場が限られすぎていた。三重苦を背負っていては、どうにもならない。販売実績は三百台にも満たなかった。スティーブは一九九〇年に見切りをつけて、このハードウェア事業部門をヴァイコムという会社にわずか二百万ドルで売却した。

ヴァイコムは翌年、倒産した。

スティーブは、ハードウェアだけでなくソフトウェアの開発にも、並々ならぬ熱意を燃やす。NeXTコンピュータの開発にもその点がよくあらわれている。Macと同様、今回も独自のオペレーティングシステムをつくりだし、「NeXTstep」と名づけた。

初代マシンを発売した二年後には、本体にさらなる改良を加えた「NeXTcube」をリリースした。初代もcubeも、高価かつ専門的なワークステーションで、ターゲット顧客はおもに学術機関やハイエンドユーザーだった。

すぐれた起業家の場合、一見すると無関係な複数のプロジェクトを並行して進めるケースが非常に多い。スティーブもそうだ。ばらばらな「次の大きな何か」を、やがて一つの主要戦略に統合していく。ただ、ネクストとピクサーを同時にあやつっていたころ、統合は必ずしもうまくいかなかった。

ネクストは、スティーブの経歴の中であまり輝かしい足跡ではない。高い評価を受けながらも売れ行きは芳しくないという、スティーブのかかわった製品にありがちな典型例となった。機能的には、Macも含む当時のほかのパソコンにくらべて、はるかに大きな記憶容量と、大型で鮮明なディスプレイを誇っていた。事情通の人々はすっかり心を奪われた。げんに、インターネットの第一人者といわれるティム・バーナーズ=リーが、一九九一年、世界初のウェブブラウザやウェブサーバーを完成したのは、NeXTcube上だった。歴史に深く名を刻んだといえるだろう。

開発の意図としては教育機関向けだったが、現実には別のいくつかの狭い市場でそれなりに好評を博した。ネクストで教育市場のマーケティングを担当していたバート・カミングズは、NeXTコンピュータについてこう語った。「技術的に卓越していました。設計のどこにも隙《すき》がありません。むだなコストを使っていないんです。本体はマグネシウム製で、美しい黒に仕上げられていました。最先端の光磁気ドライブを搭載し、魅力的なユーザーインタフェースを備え、オペレーティングシステムもみごとでした。でも……」

「でも」のあとには、初代Macと同じ欠点が二つ続く。第一に、あまりにも値段が高かった。およそ一万ドルと、Macの第一世代よりずいぶん上だ。第二に、初期のMacとくらべれば若干ましだったが、NeXTstep向けのアプリケーションソフトを開発してくれる業者が少なすぎた。その理由はと突き詰めると、これまたお金がからんでくる。当初のNeXTstep上でプログラムを開発するには、膨大なコストがかかった。わたしが聞いたところでは、数百万ドルに達しかねなかったという。そうたくさん売れるわけでもないから、大量の資金を投じたわりに見返りが小さいという結果になりかねない。投資が報われる可能性はきわめてわずかだった。

バート・カミングズの結論はこうだ。「つまり、ひとことで言ってしまえば、最初から失敗するに決まってたんです。大学市場向けのわりに、値段が高すぎました。美しさを追求するのは素晴らしいけれど、ターゲットにする市場の実状をよく知らなければいけません」

しかし、ピクサーのビル・アダムズ副社長は、違う見方をしている。「もしアップルからNe

XTを出していたら、成功したんじゃないかと思います」。すでに実績のある企業が後ろ盾になっていれば、宣伝、広告、業界のコネ、顧客からの信頼など、いずれの面でも心強い。これはビルひとりの意見ではなく、スティーブにたずねたところ、「本人も同意見でした」とのことだ。

やがてスティーブも、つらい現実を認めざるをえなくなる。NeXTコンピュータは――高速さ、アーキテクチャの優秀さ、美しいデザインといった数々の特長を持ちながらも――値段が高すぎて、企業ユーザーが買いたくても買えないマシンだった。

スティーブは断腸の思いで決断を下し、ピクサーのコンピュータと同様、NeXTのハードウエア製造を打ち切って、NeXTstepオペレーティングシステムの販売に専念した。

すると、IBMがライセンス契約にかなり興味を示し、自社のコンピュータに搭載することを検討し始めた。ネクストの助け船になってくれそうだった。IBMの交渉グループがやってきて、条件を提示し、百ページの契約書をスティーブの鼻先に突きつけた。わたしが伝え聞いた話によれば、スティーブはその契約書を受けとると、ごみ箱へ投げ捨て、三、四ページを超える契約書にはサインしない、と言い放ったらしい。IBMが三、四ページにまとめ直そうとしているうちに、この提携プロジェクトを推進していた人物が異動になってしまった。IBM社内では、ほかに誰もNeXTstepに興味を示さなかった。

ネクストとピクサーのハードウェアは、あまりにも似た運命をたどっている。スティーブは鳴り物入りでコンピュータ本体の製造に取り組んだものの、二度、失敗したわけだ。ピクサーで開発した画像処理コンピュータは、ビジネス市場向けだった。ルーカスからこの部門を買い取ったとき、スティーブはまだ、自分の本当の得意分野がビジネス向けのハードウェアではなく、一般消費者向けの製品なのだと、完全には理解していなかったのだろう。

運命のいたずらか、ピクサーは結局、消費者市場に向けてアニメ映画をつくるようになった。スティーブが明確に方針転換を打ち出したわけではなく、自然な成り行きでそうなったのだ。小さなデジタル画像サービス会社から、大手のエンターテインメント映像製作会社へ転身して、近年まれにみる成功を収めた。つまり、ピクサーにかぎっていえば、スティーブはまったくの幸運で「次の大きな何か」をつかんだのかもしれない。ただし、幸運の女神はいつも、準備を整えていた者にほほえむ。事態が進展するにつれて、ピクサーはエンターテインメント業界のありかたを変えるような存在感を備えていった。スティーブも、最初は気づいていなかったにしろ、前進しながら自分の得意不得意をはっきりと認識したにちがいない。

起業家スタイルの発見

ラセターとカッツェンバーグがうまく共同作業を進められたという事実から、面白いことがわかる。つまり、起業家はみんなそれぞれ独自のスタイルを持っているものだが、スタイルが違っても、ちょうど噛み合うケースはあるのだ。

起業家精神に満ちたリーダーは、たえず将来を見すえ、次のチャンスを探している。探し続ける過程で、みずからの使命に目覚める者もいる。スティーブがいい例だろう。

わたしはつねづね、違うタイプの人物同士が手を組んで素晴らしい成果を上げる例に興味をひかれる。以前、ジェットブルー航空の創業者に会い、わたしが開発した製品を採用してくれないかと打診したことがある。パイロットのノートパソコンと、空港で使っているデータベースとを同期して、航路情報、天候などの情報をチェックしやすくする製品だった。

ジェットブルー航空に目をつけたのは、さまざまな工夫をこらす企業だと感じたからだ。空の旅に新風を吹き込んでくれたように思う（わたしはこの航空会社のサービスに慣れきってしまって、座席にテレビがない飛行機にはもう乗る気がしない）。

同社を創業したデビッド・ニールマンは、会ってみると、スティーブ・ジョブズにとても近いタイプだった。過去にはモリスエアを設立し、その後、サウスウエスト航空に吸収合併されるかたちを選んだものの、ＣＥＯのハーブ・ケレハーと仲たがいして、社を去るはめになった（スティーブに似ている）。

そしてジェットブルー航空を立ちあげたのだが、二〇〇七年、取締役会の決議で追放されてしまう。

こんなふうに何度も挫折を味わった起業家は、以後どうなるのか。

じつは、ふたたび立ち上がって、またやり直す。デビッドはまた新しい航空会社をブラジルで設立した。社名は「アズール」（ポルトガル語で「青」の意味）。最初の十二カ月で乗客数が二百二十万人を突破し、新規航空会社の新記録をつくった。

なぜ南米なのか？　経済成長がいま世界で最も速いからだ。デビッドはこう話す。「大切なのは、人生で何が起こるかじゃない。それにどう対応するかだ」

起業家のだいじな要件は、勢いを持っていることだろう。わたしが知る優秀なリーダーには、きまってこの特性がある。あきらめず、ひたすら前進し、挫折にもへこたれない。次のアイデアを探し求め続ける。わたしはこの姿勢をスティーブから学び、ビジネスの指針にしている。おかげで、過去八年間で十種類以上の新製品を生み出すことができた。

マーティン・ルーサー・キングもこんな言葉を残している。「成功にどんな反応を示すかではなく、失敗にどう対処するかで人間を判断しなさい」

8　復活

一九九五年、『トイ・ストーリー』の成功でピクサーは急浮上し始めたが、ネクストはあいかわらず死に体だった。スティーブが毎月、巨額の現金を注ぎ込んでいるから、どうにか生き延びているにすぎなかった。しかし、彼の経歴はほどなく輝かしい転換点を迎える。そのおかげで、やがて「おそらく史上最高のCEO」とまで評価されるほどになる。

若いころの試練の日々にくらべ、後年のスティーブの人生は、面白いほどの大成功といっていい。そう考えると、誰であれ、スタートでつまずいたり出遅れたりしても、夢を失わず、将来に望みを持つべきだろう。

チャンスの到来

一九七一年、十六歳だったスティーブ・ジョブズは、共通の友人に連れられて、近所に住むスティーブ・ウォズニアックの工作品を見に行った。ウォズはその三年前の十八歳のとき、友人と共同で初めてコンピュータを完成した。当時はコンピュータといえば、ばかでかくて複雑な機械というイメージだった。空調のきいた部屋に置かれ、白衣を着た科学者たちが取り扱う代物と思われていた。市販キットが発売されて、ごく初歩的なコンピュータを一般人が自作できるようになるのは、まだ何年も先の話だ。ウォズがつくったコンピュータは、電球を何個か点けたり消したりできる程度の機能しかなかったものの、それでもたいした手腕だった。

スティーブは、五歳ほど年上のウォズの才能に感心した。テクノロジーが大好きという点では、似た者同士に思えた。実際のところは、よく似た面もたくさんあったが、ずいぶん違う面も多く、補い合ってぴったりのコンビだった。

幼いころから、スティーブは腕白で、まわりのおとなを困らせていた。ところが、ヒルという名の女性教諭が、スティーブの聡明さを見抜いて、お金やキャンディーやカメラ組み立てキットをごほうびにしながら、まじめに勉強させた。スティーブは急にやる気を出して、カメラのレンズも自分で磨いてつくった。スミソニアン研究所によるインタビューの中で、彼はこう話している。「(ヒル先生に教わった)一年間ほど、学問的な知識を詰め込んだ時期はほかにない」。ひとりの教師が生徒の人生を左右しかねないのだと、あらためてよくわかる。

この経験は、のちに意外なかたちでスティーブの行動に影響をおよぼす。アップルのごく初期からずっと、スティーブは、学生や教師——小学校から大学にいたるまですべて——が大幅割引でコンピュータを購入できるようにとりはからった。けっして宣伝効果を狙った小細工ではない。その昔、ヒル先生に学んだ経験を通じて、ある種の信念が心の奥深くに芽生えたことをあらわしている。

一九九五年、スティーブはコンピュータワールド誌のインタビューで次のように述べている。

僕は、人間のチャンスは平等であるべきだと強く信じている。……平等なチャンスとは、なによりも「すぐれた教育」だと思う。……考えると胸が痛むけれど、すぐれた教育をおこなうにはどうすればいいか、われわれにはわかっているはずだ。確実にわかっている。この国の幼い子供たちが全員、素晴らしい教育を受けるように取りはからえるはずだ。なのに、まったく実現できていない。……四年生の担任のヒル先生や、そのほか数人の恩師がいなかったら、僕は百パーセントまちがいなく、刑務所に入るはめになっていた。からだの内側に、何かしたくてたまらないエネルギーみたいなものが湧いてくるからだ。子供のころにほんの少し進む道を矯正してやるだけで、その後に大きな違いが出る。

高校を終えたあと、スティーブは、オレゴン州ポートランドのリード大学にどうしても行きたいと言い張った。学費を出せば家計が苦しくなるのは目に見えていたが、スティーブの養父母は、養子縁組の際、大学院生だった実母に「必ず大学まで行かせる」と約束してあった。しかし、せっかくの好意にもかかわらず、スティーブは一学期だけで中退してしまった（その後も何カ月か、キャンパスをうろついて授業に出たりしていたが）。

スティーブはシリコンバレーに戻り、夜、アタリで働いた。そうして貯めた金で東洋への旅に出た。旅先のインドから帰ってきた彼は、禅に傾倒し、菜食主義者になっていた。アタリでの仕事に復帰したが、わたしの記憶にあるかぎり、スティーブが他人の下で働いたのはこの会社にいたときだけだと思う。一方で、ウォズとの付き合いも続いていた。ウォズは、パロアルトのヒューレット・パッカードで昼間の仕事に就いていて、暇な時間にはプリント回路基板を開発したりしていた。のちに語り草になるコンピュータマニアの集まり、「ホームブリュー・コンピュータ・クラブ」にも参加した。

既成の価値観にさからう若者文化の申し子だったわりに――いや、だからこそかもしれないが――スティーブは、ほかの人が気づかないビジネスチャンスにいつも敏感だ。ウォズのつくるコンピュータを見て、その種のチャンスを直感した。

欲しいものを求める気持ちが強いほど、他人を説得する力がおのずとみなぎってくる。スティーブはいつからかそれを知っていた。少年時代、自宅がある地区の公立学校にどうしても通いたくなかった。ぜったいに嫌だと言い張った。まだ十代の中ごろだったが、ついには家族を説き伏せて、行きたい学校のある地区へ引っ越した。

ホームブリュー・コンピュータ・クラブの集まりに顔を出すうち、ウォズの仲間たちは、せっかく回路を開発しても、実物を組み立てようとしないことに気づいた。そこでウォズに相談を持ちかけ、実物を組み立てて、面倒くさがり屋の連中に売る商売をしたらどうかと提案した。

そんなことで儲かるだろうか、とウォズはとまどった。後日、こんなふうに語っている。「ふたりとも、べつに、大儲けできるなんて思ってなかった。損するかもしれないけど、面白いからやってみるか。そんな程度だった。『僕たち、会社を設立したことがあるんだぞ』とあとで自慢できるだろうと思ったしね」。やる気になったウォズは、スティーブと手を組んだ。これが、アップル・コンピュータの出発点だった。

ウォズの自伝を読むと、猪突猛進のスティーブが不可欠なパートナーだったことがわかる。たとえば、Ａｐｐｌｅ初代機となるマシンを設計中だったとき、ウォズはインテル製のＤＲＡＭチップを使いたかったが、いかんせん値段が高すぎた。するとスティーブが、なんとかするよ、と言った。彼はインテルに電話して、マーケティング担当者を説得し、ＤＲＡＭチップを分けてもらった――なんと無料で、だ。ウォズは唖然としながらも感謝した。あとでこう振り返っている。「僕にはあんな真似はできないね。すごく内気だから」。ところがスティーブにしてみれば、たいした駆け引きではなかった。

数年前、まだ十代にして、ヒューレット・パッカードの創設者、ウィリアム・ヒューレットとじかに電話で話すことにも成功した。ヒューレットは三十分近くも会話に応じてくれたうえ、スティーブに興味を持ち、夏のあいだうちで働いてみなさい、とアルバイトの仕事をくれた。

セールスマン精神

一九九六年、ネクストもピクサーも依然として赤字続きだった時期、スティーブに幸運なチャンスが訪れた。おかげでその後、彼はみごとな業績を次々に残していくことになる。チャンスは、まったく意外なところ――いちばんありえないと思えるところから舞い込んできた。

アップル・コンピュータが、新しいオペレーティングシステム（ＯＳ）を必死で探していたからだ。マイクロソフトのＷｉｎｄｏｗｓは、いろいろな欠点を抱えながらも、着実にバージョンアップを重ね、とっつきやすく便利な新機能を搭載して、Ｍａｃの顧客を奪いつつあった。それに対して、スティーブのいないアップルは、社内で新しいＯＳを開発する力を失ってしまったらしかった。おおぜいのエンジニアが何年も努力してきたはずなのに、状況を打開する見通しがいっこうに立たない。本来なら指揮をとるべき男が、遠いところにいたせいもあるだろう。

その時点でアップルの手綱を握っていた人物は、博士号を持つ有能な技術専門家、ギル・アメリオだった。チップメーカーのナショナル・セミコンダクタの業績を劇的に回復させたあと、アップルに迎えられ、技術面でのリーダーシップと財務面の改善をゆだねられていた。社内のエンジニアがまともなＯＳを開発できそうにないことは明らかだったから、いちど古い流れを断ち切ろうと、ギルは社外に目を向け始めた。

アップルの新しいＯＳの原型になりそうな、有望な候補がすぐにいくつか見つかった。なんとその一つは、長年のライバル、マイクロソフトの製品だった。「Ｗｉｎｄｏｗｓ ＮＴ」に手を加えれば、いまのアップルにぴったりだと、ビル・ゲイツが猛烈な売り込みをかけてきた。巨大な力を持つマイクロソフトと提携するのもたしかに一案だが、Ｗｉｎｄｏｗｓを開発したエンジニアチームに同じくらい粗《あら》の目立つＯＳをつくらせたところで、ろくな結果は望めないだろう。だいいち、Ｍａｃの熱心な信奉者たちから猛反発を食らいかねない。

ギル・アメリオは、サン・マイクロシステムズに「ＳｕｎＯＳ」の類似版を開発させるアイデアが最もよさそうだと考えたものの、ほかの候補ももれなく検討しておきたかった。次に候補に挙がったのが、「ＢｅＯＳ」だ。開発を指揮するジャン・ルイ＝ガセーは、元アップル幹部で、スティーブが去ったあと、数年前までＭａｃチームの責任者を務めていた。ギルは検討チームをつくって、それぞれの候補を調べさせた。配下の主要ソフトウェアエンジニア三名――ウェイン・メレトスキー、ウィンストン・ヘンデリックソン、カート・ピアソル――を検討チームの軸にした。

そんなある日、最高技術責任者のエレン・ハンコックが、ネクストのあるエンジニアから連絡を受けた。アップルがＯＳを探していると耳に入ったらしい（じつはスティーブが指示を出して連絡させたのかもしれない。自分が電話しても歓迎されないと踏んで、部下に電話をかけさせた可能性もある）。エレンは、検討作業中のウィンストンに命じて、数人のチームをつくらせ、ネクスト側と接触させた。このチームが「ＮｅＸＴｓｔｅｐ」を入念にチェックして、候補にふさわしいとの結論を出した。

スティーブはかねてから、ネクストの危機を打開する策を探し求めていたわけで、アップルの新しいOSとして生まれ変われれば、願ったりかなったりだった。しかも、リーダーはこれ以上ない理想的な人物、スティーブだ。

その一方、ギル・アメリオは壁にぶつかった。技術面の評価でもＳｕｎＯＳが有望に思え、サンのＣＥＯ、スコット・マクネリとの交渉も途中までは順調だった。ところが、いよいよという段階で、サンの取締役会がこの提携に反対の決定を下したのだ。

となると、残るはＮｅＸＴｓｔｅｐとＢｅＯＳしかない。

スティーブとガセーの一騎打ちになった。ガセーがすでにアップルと交渉の詰めに入っているとの情報が流れ、スティーブはますます意欲を燃やした。もっとも、この情報はガセーが意図的に流したとみられる。

一九九六年十二月十日、「ＯＫ牧場の決闘」のような一大対決がおこなわれた。スティーブとガセーがアップルに招かれて、順にプレゼンテーションの機会を与えられた。場所はパロアルトのガーデン・コート・ホテル。報道陣の目をくらますために、ふだん利用しない施設を使った。

スティーブは、ＯＳにきわめてくわしいアビ・テバニアンを連れていて、Ｕ字形に並べられたテーブルの、演台に最も近い位置に陣取った。演台の正面いちばん奥に、決定権を握るギルとエレンがすわっていた。かたわらで経緯を見つめていたアップルの主要エンジニア、メレトスキーが、その日のようすをこんなふうに回想する。「スティーブのプレゼンテーションは、完全にギルに向けた内容だったんです。部屋の中にはほかに誰もいないかのようでした。さすが、スティーブは流れるような手際でしたね」。自社ＯＳの長所を強調しながら、アップルに適した主要機能を取り上げていった。続いて、ノートパソコンで二つの動画を同時再生してみせたかと思うと、さらに三つ立ちあげて、合計五つの動画を横に並べて再生した。これだけ高い処理能力を持つＯＳなら、アップルの貴重な資産になるだろう、と同席した全員が納得した。

メレトスキーはこう続ける。「スティーブはまったく抜かりがありませんでした。アビと組んでおこなったプレゼンテーションは素晴らしく、ほかの面がどうであるにしても、スティーブは弁が立ち、ハイテク業界のトップセールスマンだと再認識させられました。ガセーのほうは、ひとりきりで現れて、プレゼンテーションの用意をしてありませんでした。質問にこたえる準備だけだったんです」。ガセーは、ＢｅＯＳ以外に現実的な選択肢はないと、たかをくっていた。なぜＢｅＯＳが、ＢｅＯＳだけが、アップルに必要な解決策なのか、本格的な売り込みをしようとしなかった。

その結果、「誰がどうみても、ＢｅＯＳではなくＮｅＸＴｓｔｅｐに決まりでした」

すでに決定したとは明かさずに、ギル・アメリオはスティーブに連絡をとり、契約条件を詰めることにした。やはりマスメディアの目を避けるため、スティーブの自宅で会った。ギルの印象によれば、「スティーブは話じょうずで、交渉術に長けている」ものの、「合意を取りつけたいとなると、実際に提供できる以上のものを口約束する」。では、ギル自身はどんな構えで交渉にのぞんだのか。何を隠そう、スティーブがジョン・スカリーを挑発したあの有名なせりふになぞらえて、自分にこう問いかけたという。「ネクストと親しくなれば満足か、それとも、世界を変えたいか？」

その結果、ネクストと提携するのはやめた。ネクストをまるごと買収し、ＮｅＸＴｓｔｅｐも、同社の優秀な人材も、そしてもちろんスティーブ・ジョブズも、すべて手に入れることにしたのだ。スティーブには、ＣＥＯの顧問という役割を与えた。周囲の人々から、「スティーブを復帰させたりしたら、たちまち会社を乗っ取られてしまいますよ」と警告を受けたが、ギルは、アップルにとって最善の決断をしたのだとこたえた。

わずか数カ月後、そのギルは、アップルとの雇用契約書にもう一項目入れておけばよかった、と悔やむはめになる。三年間あるいは五年間、自分にＣＥＯの職を保証するような内容を付け加えておくべきだった、と。そうすれば、じっくりとアップルを建て直し、財務状況を健全にして、揺るぎない製品ラインナップをそろえ、高い収益を確保できただろう。アップルの再建に時間がかかることはわかっていた。取締役会がそれまで待ってくれると思い込んでいた。

当然ながら、ＣＥＯ就任を打診された時点では、まさかスティーブに座を横取りされるなどと予想もできなかった。

ただ、もともとスティーブを知っている人々からみれば、けっして意外な展開ではない。フォーチュン誌の著名なライター、ブレント・シュレンダーが、的を射た記事を発表し、扇情的な見出しをつけた――「浄化を待つクパチーノ」

さらに小見出しとして、「スティーブ・ジョブズが復帰、アップルを取りもどすべく再建策を打ち出す」と続いていた。

記事の中身を読むと、シュレンダーはアップルの行く末をとても案じていたことが伝わってくる。アップルの治療薬にはスティーブが最適だったと断じたうえで、「誰がこの会社の実権を握るか、権力争いが進行中」と書いている。

スティーブを「シリコンバレーのスベンガーリ（他人の心をあやつる催眠術師）」と呼び、ネクストを有利な条件で身売りした点に感心している。スティーブは、現金一億ドルとアップル株一五〇〇万株を手に入れたという。また、スティーブの影響力が早くも社内におよんでいると指摘した。「ギル・アメリオの最近の再編計画や製品戦略には、いたるところにスティーブ・ジョブズの指紋がついている。現段階でジョブズは経営上の職務を持っていないし、取締役ですらないのだが……」

また、記事の末尾には、スティーブがアップルの乗っ取りをたくらんでいる可能性もある、との予測をしるしてあり、スティーブの盟友、ラリー・エリソン（オラクルＣＥＯ）の言葉で締めくくっている。「アップルを救える人間はスティーブただひとり。その件について、彼とは何度も何度も、真剣に話し合った」

この記事自体がスティーブの差し金だったかどうかは別にして、これ以上ない追い風になったにちがいない。彼は、取締役会のメンバーたちと密談を始め、とくにエド・ウーラードとの話し合いに力を入れた。デュポンの会長で、以前、ＩＢＭの取締役でもあった人物だ。そもそもはギルの誘いでアップルの取締役になったのだが、以後、ギルのいくつかの決断に大きな不満を抱いていた。ウーラードは当初、スティーブをあまり高く評価していなかった。たった一つの事業部門――Ｍａｃチーム――さえ舵取りができず、ネクストを軌道に乗せることもできなかった男、とみていた。ところが、スティーブの研ぎ澄まされた説得力が、またしても物を言った。ほどなくしてウーラードは、ほかの取締役たちに電話をかけて、スティーブ支持を表明するとともに、同志をつのった。口説き落とすまで多少の手間はかかったものの、フォーチュン誌の記事が出てから数週間のうちに、形勢が逆転した。マイク・マークラともう一名の取締役がギルの続投を望んだのに対し、三名がウーラードの側についた。ギルの解任は時間の問題となった。

七月初めの週末、タホー湖のほとりにある別荘で家族とくつろいでいたギルのもとへ、電話連絡が入った。ウーラードからの、悪い知らせだった。「アップルを救うためにいままでたいへん骨を折ってくださいましたが、売上げが回復していません。このあたりで退任していただきたいと思います」。ギルは、つい先日の四半期決算でアナリスト筋の予測を上回ったばかりではないか、と反論した。「せっかく明るいきざしが見えてきたのに、いま辞めろと言うんですか？」

「販売マーケティング面ですぐれたリーダーになれるＣＥＯ」を見つける必要があるせいだ、とウーラードはこたえた。もうすでに、スティーブを「暫定ＣＥＯ」に立てて経営を進める段取りが決まっていたのだが、その点には触れなかった。後任がスティーブであることは、わざわざことわるまでもなかった。ギルはとっくに警告を受けていたのだから。

こうしてスティーブ・ジョブズが復帰し、初めて、アップル全体の指揮権を握った。フォーチュン誌の監修者、ピーター・エルキンドが、復帰後のスティーブを生き生きと描写している。「就任早々、ジョブズは、業務上の厄介な細部に踏み込んで、切迫感をあおり、製品ラインナップを縮小し、卸売りコストの削減を進めるなど、むだを削って黒字化をめざした。昔よりはるかにすぐれたリーダーになっており、美しい製品をつくること以外は目もくれないという欠点が影をひそめた。極度の芸術家志向は変わらないものの、儲けにつながる美しい製品をつくろうとしていた。技術面もデザイン面も、ありとあらゆる細部まで気を配った」

ただし、この記述には一部、誤解がある。スティーブが儲けを優先したことなど、いちどもない。消えていった数々のハイテク企業の群れに仲間入りしないためには、まず、大なたを振るってアップルを生まれ変わらせるしかなかったのだ。だから、社内のすべての製品やプロジェクトを厳しく吟味し始めた。上級エンジニアリング技術者のアレックス・フィールディングが、当時の状況を語ってくれた。「スティーブとの会議は、まるで売り込み合戦でした。自分のかかわるプロジェクトがつぶされないように、存続の理由をアピールしないといけませんでした」。理由に説得力がなかったり、中核製品のみに絞り込むうえで邪魔になるとみなされたりすると、プロジェクトもその担当者も、お払い箱になってしまうのだった。

　アレックスはさらにこう話す。「ギル・アメリオが、『復活が始まったとき、わたしはそこにいた』というキャッチフレーズを使って、士気を高めようとしました。たしかにこのフレーズには一理あります。ネクスト買収によって、ジョブズの復活が始まったわけです。でも、従業員の多くは、このフレーズがしるされたバンパーステッカーを一語だけ書き換えて、こんなふうにしていました。『~~復活~~**レイオフ**が始まったとき、わたしはそこにいた』」

　ＮｅＸＴｓｔｅｐを検討し、候補の一つに推薦したウィンストン・ヘンデリックソンは、解雇をまぬがれてまだアップルにいた。彼によると、一九九七年前半は、スティーブがギル・アメリオの「顧問」というのはどんな意味だろう、と従業員のあいだで関心の的になり、研究開発のリーダーシップがネクストの旧幹部たちへ移行しつつあるからには、ただの顧問ではなさそうだ、との憶測が飛び交っていたという。しかし、「スティーブはあまり目に見えない存在でした」

　ウィンストンの印象では、「復帰当初のスティーブは、アップルが破綻する可能性がまだ高かったため、わざと少し距離を置いているように思えました。陰で何か事態が進展しているらしいと、おおぜいの従業員がうすうす感づいていたけれど、ネクスト買収後の組織再編や人材解雇が続いていたので、執行部の動向を観察しているゆとりなんてなかったんです」

スティーブがしだいに前面に出てくるにつれて、社内には興奮と不安が入り交じった。そのこと自体は、ある程度、事業再構築につきものかもしれない。しかしウィンストンによれば、「次は何が起こる?」と、独特の落ち着かない空気が漂っていたらしい。それまでのアップルには前例のないめまぐるしさで、決定や変更が相次いだ。現場には動揺が高まった。理由の一つは、「さまざまな措置の規模といい、速さといい、町に新しい保安官がやってきたことが、しだいにはっきりしてきたからです」

ギル・アメリオの退任も、同じく複雑な反応を招いた。良くも悪くも、アップルがネクストを買収したのではなく、じつはネクストがアップルを乗っ取ったのだと、誰もが思い知った。とはいえ、ウィンストンの見たところ、アップルの従業員――少なくともエンジニアたち――は、リーダーシップに飢えているようすだった。九〇年代初めに優柔不断が顕著だったころ、「独裁者でもいいから、強いリーダーを」と待ち望む声が多く、その風潮はまだ変わっていなかった。

暫定CEOに就くとすぐ、スティーブは、各種ハードウェアの開発チームの改革に取り組んで、数百あったプロジェクトの数を二桁へ、大幅に減らした。また、上級幹部百人を集めて、パハロデューンズ・ホテルで社外会議を開き、今後のハードウェア計画をみずから明らかにした。のちに話題を呼ぶ「iMac」の開発プロジェクトも含まれていた。夕食パーティーの席上、ウィンストンはスティーブとじかに会話する機会に恵まれた。話しながら「人物評価されているのを感じました」

ただ、旧ネクスト従業員たちの態度からみて、じゅうぶん考え抜いて理由づけもしてあれば、スティーブの意見に反対してもかまわないらしい、とウィンストンはすでに知っていた。実際、そうだった。「iMacの妥当性に関して、一点だけ異議を唱えたんです。すると、その考えのどこが間違っているかを指摘されましたが、けっしてこき下ろされるなんてことはありませんでした」(やがて、彼の意見はたしかに間違いで、エンジニアではないスティーブのほうが正しかったと、現実に証明される)。

スティーブはいちど、わたしにこんなことを言った。五千人以下の従業員でアップルを十億ドル企業に育て上げたい。そうすれば、アメリカでも一、二を争うようなきわめて利益率と生産性の高い企業になれるだろう、と。当然かもしれないが、従業員をそんな少人数に抑えるのは無理だった。なにしろ、いまや直営小売店だけで千五百店ほどある。けれども、時価総額に関しては、まちがいなく目標を超えた。本書執筆の時点で、なんと二千八百億ドルに達している。

CEOと取締役会

いったんは追放の憂き目にあった経験から、スティーブは、社内のリーダーが戦略的に何をやっているかを取締役会が正しく理解していなければいけないと身に染みていた。あとから思えば、取締役会が「1984」の広告に冷たい反応を示した時点で、悪い兆候を察知しておくべきだったのだ。

いうまでもなく、会社の成功には「優秀な取締役会」が欠かせない。しかし、優秀な取締役会とは、具体的にはどんな意味だろうか。なによりもまず、取締役会のメンバーが、その会社を、将来構想を、CEOを、しっかりと理解していることだ。CEO側も、自身がメンバーの選出にかかわっていない場合は、ひとりひとりの経歴や資質、取締役会の中での役割をつかみ、会社の方針に賛成しかねている者がいるとしたら誰なのかを知っておく必要がある。

理想的な取締役会の条件とは、多様なビジネス経験を持つ人々が集まっていること、全員がその会社の製品の熱心な利用者であること、その会社の顧客がどんな層なのか、五年後に会社はどんなポジションに立っているべきか、明確に把握していることだ。

たったいま、利益については言及しなかったのに気づいただろうか。利益とは、製品と経営陣が生み出す結果にすぎない。前にも述べたとおり、会社の軸は製品であるべきなのだ。

アップルの手綱を握ったスティーブは、取締役会も一新し、ふたりを残してほかのメンバーを総入れ替えした。もちろん、残留組のひとりはエド・ウーラードだ。スティーブの復帰におおいに貢献してくれた。もうひとりは、ガレス・チャン。ヒューズ・エレクトロニクスの上級副社長だ。あらたに加えたメンバーは、親友のラリー・エリソンや、元アップル幹部のビル・キャンベル（「コーチ」とも呼ばれる。意外にも、以前、コロンビア大学でアメフトのコーチをしていたからだ）。スティーブの意図は明らかだろう。ごますりのイエスマンを集めたわけではなく、スティーブと似た考えかたを持ち、彼を信頼し、アップル再建の努力を支えてくれる面々をそろえている。

取締役会については、わたし自身、苦い体験がある。わたしが立ちあげたある企業で、投資を得たいばかりに、証券会社リーマン・ブラザーズが選んだ幹部や取締役を受け入れてしまった。しかし、うちの会社の製品をまったく知らないのではないかと思うメンバーばかりだった。誰ひとり、製品を使ったことすらなかった。そんなふうでは、社の将来や方向性を理解できるはずもない。

しかしスティーブの場合は違った。理解ある新しい取締役たちをひきいて、かつてとは異なる構想に自信を持っていた。業務の軸がぶれないようにしたまま、複数の製品を展開していくことが可能だと信じていた。新生スティーブは、そういう方向性をめざしていく。

9　全体的な視野からの製品開発

かのクリストファー・コロンブスは、自分の船の製造や整備に必要なさまざまな人材を的確に選ぶのがうまく、大工から、製帆職人、ロープ職人、防水作業工、そしてもちろん船員まで、一つの町の住民だけでじゅうぶんまかなえたといわれる。

現代のビジネスはどうだろうか。製品の複雑さはどうであれ――ごく単純な製品も含めて――すべての部品や原材料を自社一つでまかなっている例はほとんどなく、よその会社から購入したものを寄せ集めて利用している場合が大半だろう。

「Ａｎｄｒｏｉｄ」スマートフォンがｉＰｈｏｎｅほどスムーズに機能しないのは、そこに原因がある。グーグルが開発したソフトウェアを、各メーカーがつくったハードウェア上で動かしている。携帯電話本体を製造する企業はソフトウェアの設計をコントロールできないし、グーグル側も、ハードウェアの互換性を保証しきれない（この問題をめぐっては、もう少し先でくわしく論じよう）。

ジレットのシェービングクリームは、きまって、使っているうちに缶の縁が錆びてくるが、これまた同じような原因による。シェービングクリームの中身をつくっているのはジレットでも、容器はほかの無名のメーカー――ジレットの顧客から苦情を受ける心配のない会社――から仕入れている（ジレットの上層部はなぜ自社製造に踏み切ろうとしないのか、まったくもって不思議だ。容器を自社製造に切り替えれば、この問題はとっくに解決しているのではないだろうか）。

さてスティーブは、アップルに復帰するより前に、きわめて根本的と思える疑問について検討してあった。すなわち、もしソフトウェアをつくるグループとハードウェアをつくるグループが完全に独立して作業を進めていたら、スムーズに動く製品を生み出せるだろうか？

スティーブの答えは――「ぜったいに不可能」

しかしそれはハイテク企業にかぎった話ではないのか、と思う人は、考えを改める必要がある。昨今は、日常ありふれた製品にもコンピュータチップが内蔵されつつある。まだたまにしか見かけないかもしれないが、そういった製品同士は通信機能を介して連動したりする。

たとえば家庭用洗濯機には、だいぶ前から、コンピュータチップによる制御機能が組み込まれている。プリウスやレクサスといった車の持ち主が、どうやってドアの解錠やエンジンの始動をするかご存じだろうか。キーを使わずに、コンピュータチップを内蔵したリモコンで操作する。車体に搭載された装置が、リモコンの発する信号を認識して、運転手が近づいただけで解錠し、イグニションボタンを押すだけでエンジンをかけてくれるのだ。

今後はこの種の機能が普及していくだろう。

したがって、いまから述べる論点をハイテク業界限定と決めつけないでもらいたい。他業界に属している人たちにも、遠からずかかわってくる話だと思う。

わたしは、先ほど触れたようなソフトウェアとハードウェアの一体化を「総体的《ホリスティック》な製品開発」と呼ぶようになった。スティーブの、そしてわたしの製品理念の本質だ。今後、ハイテク以外の業界にも、この種の考えかたは思いのほか早く普及していくだろう（どこでヒントを得たのか知らないが、スティーブはいつからか、製品開発の過程の統合について「総体的」という言葉を使っていた）。

革新性をかたちにする

スティーブは、一般消費者の意見を聞きながら製品を設計しようとはしない。本当に独創的な製品をつくりたければ、一般人の事前の声は参考にならない。彼は、ヘンリー・フォードのこんな名言がお気に入りだった。「もしその昔、何が欲しいかを顧客にたずねたら、『もっと速い馬』という答えが返ってきただろう」

スティーブがこの言葉を引用するのを聞くたび、わたしは、農作業のごほうびとして昔もらった一九三二年型のフォード「モデルA」を思い出した。あの車は、十五歳のわたしでさえ、マニュアルがなくてもあらゆる修理をこなすことができた。すべてが単純明快だった。基本的な知識と、ある程度の常識があれば、それだけで事足りた。モデルAの設計には頭が下がる。そのうえ、部品の配送に使った木箱をばらすと、座席や床面の板材として使えるようにしてあった。まさに総体的な製品開発の好例だ。スティーブとヘンリー・フォードがもし会うことができたら、共通点がいろいろ見つかって、おたがいに深い敬意を抱いたと思う。

フォードのさっきの言葉が示す意味を、スティーブは直感で体得していた。つまり、一般の人々に製品の改善案をたずねた場合、どこがまずいかをじっくりと検討することになるだろう。そういうあら探しも、無意味ではない。けれども、ほんの少しの改良がせいぜいになる。市場を一変させるような画期的な製品のアイデアは得られない。革新性は生まれてこない。

なぜか。そういった状況では、たいがい、与えられた目の前の課題に思考をしばられてしまうからだ。自分の過去の経験と照らし合わせて意見を言わなければいけないと考える。しかしそれは、意識の向けかたが間違っている。

本当に必要なのは、将来の経験に思いを馳《は》せることだ。

ビジョナリー（未来を見通す力を持つ人物）と呼ばれる者は、ふつうの人々と違い、自分には何が可能か、自分たちの生活は――そして製品は――どんなふうに変わる可能性を秘めているか、といった将来的なありかたを中心に考える。その種の人物は、新しい道具や技術を与えられると、すぐさま、これを活かしてまったくあらたな何かを生み出せないかと知恵を絞り始める。

想像力の翼を広げて、製品をつくりだすわけだ。自分が暮らしたいと思う世の中が実現するように、その助けとなるような製品をつくる。既存のものを改良していくという発想とは、大幅に違う。

聡明な製品開発者は、変化をめざす気持ちに突き動かされる。いままでと異なる、もっとすぐれた、特別な製品や経験を求め続けていく。スティーブのような製品開発者は、そういうあらたな製品やあらたな暮らしを思い描くことのできる、ゆたかな想像力の持ち主なのだ。そのうえで、「なぜやろうとしない？」と自分に問いかけて、行動に移す。ロバート・ケネディの残した有名な言葉と、同じ姿勢といえるだろう。「現状を眺めて、『なぜこうなのか？』と問う人もいる。けれどわたしは、まだ実現していない事柄を夢見て、『なぜできないのか？』と問いかける」

このタイプの人間は、斬新な製品をつくれる可能性に気づくと、とたんに自問する。「なぜためらうのか？」

なぜやろうとしない？　なぜためらう？

ヘンリー・デビッド・ソローは言った。「方法を簡素にして、理想を高めることこそが、究極の目標なのである」。この精神を製品開発にあてはめれば、いままでと違うすぐれた何かを思いついたら、それを実現する方法を見いだしていくべきなのだ。

アップルの製品がなぜ見た目も機能もすぐれているべきなのか、スティーブはよくこんなたとえで説明していた。「展示会で披露される試作車を見ると、『素晴らしいデザインだ。曲線美が素晴らしい』と思う。四、五年後に、その車がショールームに並び、テレビで広告されるけれど、ひどい姿に変わりはてている。いったい何が起きたのか。アイデアを練って、練って、結局だめになってしまった」

ことの顚末《てんまつ》をスティーブなりに推理してみせる。「設計者がその素晴らしいアイデアをエンジニアに見せた。けれどもエンジニアは『無理。こんなのはつくれない。不可能だ』とつっぱねた。手直しをさせてくれと言って、エンジニアが『可能』と思えるものに変え、こんどは製造担当者のもとへ持っていった。すると製造担当者は『こんなもの、製造不可能だ』と変更を要求した……」。しめくくりに、こう付けくわえる。「連中は、『成功』をこねくり回して、『失敗』に仕上げたんだ」

おそらくスティーブなら、「問題の元凶は、可能かどうかの議論ではない」と言うだろう。この自動車会社は、何がなんでも最高の製品をつくろうと必死で取り組まなかった。革新的なものがせっかく頭の中に浮かんでいながら、現実化をあきらめた。そこに問題がある。

総体的な製品開発会社になるためには、新しい何かを思いつくだけでは足りない。新しいものを積極的に支え続け、貫き通す必要がある。従来と違う、さらにすぐれた、特別な製品をつくることが、なにより重要だと感じていなければいけない。

多くの企業では、逆の状況が生じている。創造性に富んだ人材が素晴らしいアイデアを出すものの、たいてい却下され、現状のままが優先されてしまう。新機軸をおおいに歓迎する社風が根づいていないと、日々、たくさんの貴重なアイデアが行き場を失い、むだになっていく。創業者が自分の会社を離れて別会社をつくり、あらたな意義深い新製品に取り組む、というニュースをよく目にするだろう。可能性に満ちたアイデアに、もとの会社が興味を示してくれなかったことが原因だ。

まさにそんな出来事が、アップルでも起こる寸前だった。一九九七年、スティーブが復帰したとき、デザイン部門責任者のジョナサン・アイブとスティーブが、ｉＭａｃの試作品を開発した。人目を引く鮮やかな色の、ＣＲＴディスプレイ一体型コンピュータだった。ませた子供が想像力にまかせて描いたＳＦ漫画にでも出てきそうな見かけのマシンだ。

のちにスティーブは、タイム誌のレブ・グロスマンにこう明かしている。「案の定、エンジニアのところへ持っていったら、これは無理だと三十八個の理由を並べたてた。そこで『いやいや、これをつくるんだよ』と言ったら、『なぜです？』と反論してきた。だからこう言ってやった。『ＣＥＯのわたしが、これは可能だと思うからさ』ってね。連中はしぶしぶ従った。でも、結局は大ヒットだった」

このケースでは、試作車が現実に発売されたわけだ。

外部との提携

スティーブの創造的な本能は、ときに、驚くべきところから湧き出す。少し意外に思えるかもしれないが、スティーブはグーテンベルクを敬愛している。グーテンベルクの印刷機が動くさまがどれほど興味深く、このたった一つの発明が人間社会にどれだけ大きな影響を与えたか、繰り返し話題にしていた。

Ｍａｃ開発中のある日、彼はふと思いついた。Ｍａｃは、ほかのコンピュータと同じように文字や数字を表示したり印刷したりするだけではなくて、画像の作成もできる。イラストをふんだんに使って、会社のロゴや広告のビラなどをつくれる。となると、Ｍａｃと組み合わせて利用するプリンタには、ふつうのドットマトリクス・プリンタを超えた新方式を採用すべきだ。

「グーテンベルクみたいな発明をしなきゃいけない」とスティーブは言った。

わたしは思った。「そりゃあ、結構――だけど、望み薄だな！」。しかし、意志あるところに道あり、スティーブあるところに道あり。

スティーブは、ハードウェア責任者のボブ・ベルビルに相談した。ふたりとも、似つかわしいプリンタを考え出す時間はもうないとわかっていた。Ｍａｃの発売直後に用意するには間に合わない。

だがボブは絶妙な案を思いついた。以前、日本を訪れたとき、キヤノンでレーザーコピー機を見せてもらった経験がある。あのレーザーコピー機を流用して、Ｍａｃから印刷できるようにしたらどうか。うまくいきそうなら、両社で共同エンジニアリングチームをつくって、増設用のインタフェースカードを開発すればいい。Ｍａｃからデータを転送し、プリンタに合ったデータ信号に変換するのだ。

スティーブの頭の中で、構想のかたちができてきた。「よし、協議しに行こう」

キヤノンに電話して、会う約束を取りつけ、全日空のある便のファーストクラスをまるごと予約した。行くメンバーは、スティーブとボブ、エンジニア三人、それにわたしの計六人。

機内でエンジニアがボール紙を使って、インタフェースカードの実物大模型をつくった。キヤノン製プリンタの空きスペースにぎりぎり収まるサイズだった。

東京に着いてホテルに入るとき、若い女の子の一団がスティーブに気づいて、サインを求めてきた。わたしはびっくりした。大手のニュース雑誌に写真が出るから、スティーブの顔はアメリカで有名だったが、サインを欲しがる人はそれまで誰もいなかった。ところが、地球の裏側だというのに、スティーブは顔が知られているばかりか、ロックスターのようにもてはやされた。どう対応するのだろうかと、わたしはスティーブのようすを眺めた。わりあいプライバシーを重んじる男だから、突然の騒ぎにやや気分を害してもおかしくなかったが、そんな素振りは示さなかった。それどころか——本人はぜったい認めないだろうが——内心うれしがっているように見えた。

部屋に入って、わたしはまた驚いた。事前に、どんな部屋が希望かときかれたとき、せっかくなら地元の文化に触れたいと思うたちなので、「和風」を選んだ。そのせいで、部屋にはベッドがなく、畳敷きだった。どうにか慣れようとしたものの、その晩、快適に眠れたとはいいがたい。

文化の違い

翌朝、わたしたちはリムジンに詰め込まれて、東京のキヤノン本社に到着した。朝十時だった。会議室に通され、紅茶、コーヒー、お菓子のもてなしを受けた。誰もかれも、スティーブに丁重な態度で接していた。前夜の女の子たちとは違う意味で、ふたたびロックスターのあつかいだった。

やがてキヤノンの会長とCEOがやってきて、非常にかしこまった自己紹介をした。会長が退席したあと、CEOのほか五、六人のスタッフと、提携の協議に入った。スティーブがこちらの意図を説明した。ひとことふたこと言うたびに通訳を待たなければいけないので、もどかしそうだった。

しかし、言葉の壁よりも大きな文化の問題が明らかになった。日本人の反応があまりにも弱々しい。眠っているかのように、うつむいて目を閉じていた。スティーブはいらだち始めて、さかんにわたしに目配せしてきた。相手を居眠りさせるために、はるばるやってきたのだろうか？

さいわい、わたしは来る途中、全日空が外国人向けにつくった小冊子に目を通してあった。そこには、会議の際、日本人は目を閉じたりしますが、よけいな視覚情報を排除して、言葉の意味を噛みしめるためなのです、と書かれていた。わたしはそれをスティーブに耳打ちした。彼は、なるほどとばかり小さな笑みをよぎらせて、説明に戻った。

昼食時、キヤノン側がスティーブにことさら気をつかっているとあらためてわかった。彼の好物を調べてあったとみえて、一流の寿司屋に案内され、ぜいたくな食事をとることになった。礼儀上は、食事中くらいは仕事を離れて、個人的なおしゃべりをすべきだろう。けれども、スティーブはあくまでビジネスの会話に徹した。

午後になって、キヤノンの社長、開発責任者、弁護士と話し合う途中で、いくつかの問題にぶつかった。まず、アップルは今回の技術を自社専有にしたい意向だったが、キヤノン側の同意が得られなかった。そこで、アップルからチップを送ってキヤノンに組み込んでもらうのはやめて、逆に、キヤノンから部品をアメリカに送ってもらい、アップルの工場でチップを組み込み、アップルがデザインした筐体に入れることを提案した。

キヤノン社長は難色を示したが、例のごとくスティーブの説得力がまさって、決着した。

次に持ち上がった問題点は、前からスティーブが、きっと揉《も》めるはずと予測していた一件だった。本体の外側にはアップルのロゴだけ付けて、キヤノンの名前は入れない、という条件をめぐる攻防だ。思ったとおり、議論が白熱した。相手方のあっちからも、こっちからも反対意見が出て、まる一時間ほど、スティーブは説得の作業に追われた。

キヤノン側がこの条件をのみたがらない理由は、アップルとのつながりを世間にアピールしたいからだった。日本で非常に評価の高いアップルと親密だと触れまわれば、それなりの箔《はく》が付いて、評判や売上げに好影響が出るだろう。やむなくスティーブが譲歩案を出した。アップルのレーザープリンタの駆動部はキヤノンがつくっていると宣伝するぶんにはかまわないし、部品にキヤノンの社名を入れてもいい、と。しかし、本体の外側については、妥協するわけにいかず、スティーブは全力で相手方を説得し続けた。

向こうのひとり——社長だったか開発責任者だったか覚えていない——が、もう一つ問題を持ち出した。Ｍａｃが漢字を表示できるように、何か手を打ってほしいというのだ。スティーブは、ボブ・ベルビルに顔を向けた。ボブが、クパチーノのエンジニア陣に相談してみないと何とも言えないとこたえた。

議論の続きは電話会議にゆだねることになった。それまでのあいだに、わたしは、キヤノンで似た職務に就いている人事部の総責任者と連絡を取り合い、さまざまな質問を受けた。報酬はどのように与えているか、どうやって労働意欲を高めているか、昇進の基準は何か……。こちらのやりかたをその後キヤノンが真似したとは思えないものの、積極的に知りたがる姿勢にわたしは感心した。

やがて本交渉が再開した。ボブが、Ｍａｃ上で漢字の表示や使用ができるようにすることは可能、と検討の結論を明かした。

キヤノンの社長も、ついに、プリンタの外面にキヤノンの社名を入れないというスティーブの案を受け入れる、との意向を示した。スティーブもボブもわたしも、この決断の理由がわかっていた。ビジネス的に妥当だからではなく、スティーブ・ジョブズやアップルに深い敬意を持ってくれているせいなのだった。

スティーブはこの交渉から教訓を得たにちがいない。以後、方針を変えて外部の開発パートナーを前向きに利用するようになった。おかげでレーザープリンタ「ＬａｓｅｒＷｒｉｔｅｒ」を非常に早く用意できた。もし、ソフトウェアもハードウェアも社内でゼロから独自開発していたら、はるかに時間がかかっただろう。

このあと、スティーブは、社外の提携相手をためらいなく探すようになった。とくに、画期的な製品の第一世代に関しては、進んで協力先を求めた。ＬａｓｅｒＷｒｉｔｅｒのころはまだ「総体的な製品開発」という認識ができあがってはいなかったが、基本的にはすでにその路線に従っていた。彼が外部調達に前向きになったのは、このレーザープリンタと、前に書いたツイギー・フロッピードライブとが、大きなきっかけだったと思う。

キヤノンを訪れたついでに、ソニー本社にも立ち寄った。こちらも、おたがいに尊敬の念を抱く企業だ。「ウォークマン」は、スティーブが愛してやまない製品の一つといえる。そのデザインや機能のシンプルさについて、しゃべりだすと止まらない。Ｍａｃエンジニアたちとの会議でも、頻繁に話題に出した。たびたびソニーを「日本のアップル」と呼び、きわめて独創的な製品を生み出すお手本とみていた。彼にとって、ソニーを訪問する意味合いは、メッカ巡礼に近かった。

キヤノンの建物が、いたるところで見かける日本ふうのオフィスビルだったのに対し、ソニー本社の外見は、ロサンゼルスかシカゴ、マンハッタンあたりに似つかわしい。もっとも、中に足を踏み入れてみると、内装はいたって簡素で、アメリカ人の目からすれば、よそよそしく感じられた。

しかし、最高責任者である盛田昭夫氏のオフィスだけは、まったくの例外だった。入ったとたん、壁に掛かったゴッホの本物の絵が、いやおうなしに目に飛び込んできた。彼は、非常に西洋的な考えかたを持ち、非常に知的で、明快で、起業家精神にあふれ、洗練された人物だった。ほかのトップ幹部と同様、流暢な英語を話した。あとで聞いた話によれば、盛田氏の生家は、四百年にわたって代々続く、造り酒屋だという。

ソニーの幹部たちもまた、スティーブの大ファンだったらしい。国家元首に接するかのように、うやうやしい態度を示していた。その晩の夕食は、わたしの人生で最も心に残っている。同席したのは、アップル側がわたしたち六人、ソニー側は盛田氏と五人の最高幹部。こういう場にはボブ・ベルビルがとても役に立つ。技術的な知識が豊富なうえ、社交術にも長《た》けている。文化的な教養があって、見識も深い。プロとしての礼儀作法から夕食の伝統まで、スティーブにやんわりと教えた。スティーブも耳を傾けていた。

夕食をとったその店は、隠れ家的なたたずまいで、なにしろテーブルが一つしかなかった。そこで食事をとる特権は、親から子へ受け継がれていくらしい。ただし、父親が亡くなっても、息子が継承できるかどうか保証はない。

料理の一つは河豚《ふぐ》だった。ご存じのとおり、専門の料理人が慎重にさばかなければ、命にかかわる。この魚は、世界じゅうの脊椎動物の中で二番目に致死率が高い猛毒を持っている。ソニーのお偉方が信頼する料理人だから、食べても心配ないだろう、とわたしたちは思った。食べたくないなどと言ったら、相手を信頼していないことになってしまう。河豚の刺身は透き通るように白く、やや鱈《たら》に似ていたが、食べてみると——少なくとも、わたしには——あまり味がないように思えた。しかしスティーブは、すごくおいしい、と感謝を伝えたばかりか、アメリカでも食べられる店を探して、また味わってみたいと言った（まともな店があれば、わたしももういっぺん挑戦してみたい。といっても、二度目ならおいしく感じるのかどうか試したいだけだが）。

ソニー幹部との一日を終えて、わたしが強く感じたのは、スティーブと盛田氏の価値観が驚くほど似ていることだった。文化が違い、年齢もおそらく——なんと——五十歳ほど違うはずだが、そんな差を超越していた。ひとことでいえば、スティーブと同じく、盛田氏も、自分自身が欲しい製品をつくろうと努力していた。そしてふたりとも、みずから創業した会社を総体的な製品開発の典型例にした。

スティーブの信念の正しさが、国境を越えて証明されたともいえるだろう。自分がやっていることを愛せ。自分がつくるものを愛せ。完璧に仕上げよ。

ふたりの会話は、ビジネスで何が大切かを教える授業のようだった。ただ残念ながら、アップルとソニーの協力関係は、本来なら出せるはずの成果を出しきれずに終わった。スティーブがまもなくアップルを去ってしまい、戻ってきたときには、もうソニーに盛田氏がいなかった。

量より質

画期的なアイデアやそれを考えだす人物に対して誰もが拍手を送るのは、一つには、偉大な製品が巨大な利益につながると思えるせいだろう。と同時に、従来の壁を打ち破る最先端の何かによって、人間の世界観が広がり、いままで不可能だった事柄が可能になって、驚きや喜びを感じられるからでもある。人間はみんな、斬新なものが大好きだ。ある意味では、こぞって「新しもの好き」なのだ。

しかし、製品をつくる人物の頭の中では、はるかに早い段階から欲望が芽生えている。実際に製品をいじって楽しむには、まず開発段階を経なければいけない。

あっと驚く製品を思いついて、つくりたいと考えるだけでは、まだ意味がない。実際につくり出す能力を持っている必要がある。その能力はどこから来るのだろうか。

スティーブの場合、いうまでもなく、強烈な集中力と、戦略をあくまで貫く精神が、能力の大きなみなもとになっている。ただ、彼は経営者でもある。新開発にかかるコストその他を直感的に把握して、犠牲を払う価値ありと判断している。アップルの革新性は、そういう経営判断力の賜物《たまもの》だといえる一面もある。彼は、自分の将来構想の価値を重んじて、相当なリスクを覚悟してきた。新しいアイデアに全力で取り組むと決意した者は、それなりの代償を払う気構えが必要になる。スティーブはそのひとりだ。

前にもしるしたように、暫定CEOに就任してすぐ、スティーブはたくさんの製品を販売中止にした。紙ナプキンの裏側にかっこいい製品をスケッチしたり、熱心な部下たちに向かって斬新な構想を語ってみせたりするのも結構だが、そうばかりはしていられない。堅実に売れている従来製品のほうはどうするのか？

「iPod」や「iPhone」のような主力製品ではなく、もっと精彩を欠くアップル製品でも、それなりの儲けが出ていたりする。じゅうぶん黒字で、利益の増加に役立っている。つまらない製品とはいっても、一つひとつが会社全体の収益に貢献している。少しずつであれ、積み重なれば無視できない。すでに地道な売上げの実績がある製品をラインナップから外すには勇気がいる。

けれども、スティーブはやってのけた。大量の製品を切り捨てて、四つに絞り込んだ。取締役会でさえ、驚きを隠せなかった。当時の会長だった、デュポンCEOのエド・ウーラードは、「知らせを聞いて、呆気にとられてしまった」と語る。

業界観測筋や株式アナリストは、アップルの収益を簡単に上げる方法があると、さかんにジョブズへの提言を記事にする。ごく一般的な商品を販売したり、必ずしも市場リーダーになれなくてもいろいろな市場分野へ参入したりすればどうか、と。

そのたぐいの圧力にスティーブはけっして屈しない。

「わたしは、何をやるかと同じくらい、何をやらないかにも誇りを持っている」と何度も発言した。

この言葉にはさまざまな解釈が可能だろう。ただ、わたしの考えでは、何を選ばないかがその人の価値観や未来観をあらわす、と言いたいのではないかと思う。あらゆる人々に喜んでもらいたい気持ちは捨てがたいし、そうすれば大儲けにもつながるように感じるものだが、アップルは、万人向けに万能のものを提供することなどめざしていない。「量よりも質が重要だ。そのほうが、財政的な判断としてもすぐれている」と、スティーブはビジネスウィーク誌のインタビューにこたえている。「二本の二塁打より、一本のホームランのほうが、はるかにいい」

スティーブがこれほど焦点を絞り込めるのは、将来を明確に思い描くことができ、なおかつ、その将来を実現したいと強い衝動を持っているからだと思う。

もう一つの要因は、競争心だ。あるいは、他社より魅力的な製品をつくっている自信というべきか。すぐれた新製品のそれぞれに、ＷｉｎｄｏｗｓユーザーをＭａｃユーザーに変える力があると考えてきた。スティーブがわたしのよく知るころのままであれば、パソコンの売上げ全体の少なくとも半分がＭａｃになるまで、ぜったい満足しないだろう。

総体的な企業をつくる

真の革新を成し遂げるには、その支えとなるような社風を築く必要がある。「革新《イノベーション》」という言葉が、ビジネスの世界ではいやというほど使われる。革新的な製品は、ライバル企業を上回っている証拠にもなるからだ。だから、革新の語をちらつかせて世間にアピールする企業が多い。しかしたいがい、実際には革新的な取り組みもしていなければ、革新的な精神も持っていない。宣伝上のキャッチフレーズ、あるいはせいぜい、それとなく従業員の意欲を高めようとする生ぬるい試みにすぎない。

起業家精神に満ちた企業は、新しいアイデアが、まるで血液のような不可欠なものとして、組織を駆けめぐっていなければいけない。昔ながらの社風の中で、斬新なアイデアを育てることができるだろうか？

不可能だ。育つはずがない。起業家型の企業と従来型の企業は、ありかたが根本から異なっている。従来型の企業から、世界を一新するアイデアは生まれない。ごくふつうの企業の場合、たいてい、アイデアを思いついた従業員は、直属の上司に打診する。その上司は、アイデアをほめるかもしれない。ときには、昇進を決める可能性もある。続いて、もう一段階上の上司にそのプロジェクトが伝わって、アイデアを出した従業員に、よくやったと声をかける。けれども、ここまでで終わって、これ以上先へは進まない。階層化した従来型の組織では、こんなふうにアイデアが死んでしまう。いいアイデアが出るには出る。きちんと頭を働かせる人物がいればアイデアは生まれるし、頭を働かせる人物はいたるところにいる。ただ、従来型の企業では、そういったアイデアが挫折したり、捨てられたり、中途半端な開発で終わったり、歪められたりすることが多い。

それにくらべ、起業家精神あふれる環境では、新しいアイデアを受け入れて、それに報いることが、従業員の力を最大限に引き出し、連帯感を高めるための手段なのだ。アイデアの活発な交換により、たがいに切磋琢磨できる。めいめいが自分なりのかたちで創造性を表現してかまわないと、社のトップがはっきりと意思表示すれば、従業員同士が前向きに競い合う環境を整えられる。ひとくちに創造性の表現といっても、製品デザイン、経理のやりかた、特別ボーナスの与えかたなど、幅広いかたちが考えられる。

ただし一つ、注意点がある。トップに立つ者は、従業員たちがよりどころにできる将来構想

――無限の彼方へつながる地図――を持っていなければいけない。その構想に沿ったアイデアを奨励して、構想の一部に参加する機会を部下たちに与えていくのだ。

また、失敗を許容してやり、処罰はおこなわない。発案者を降格したり、さらには解雇したりすると、社内の雰囲気に大きな打撃を与えてしまう。会社がアイデアを受け入れて投資したあとになって、プロジェクトがうまく進まなかったからと罰を与えるのは間違っている。逆に、そのような場面でおとがめなしとなれば、全員にルールが伝わる。創造性を発揮して新しいものに挑んでかまわない、クビになる心配はない、とみんな安心できる。

従業員を励まし、アイデアを歓迎していくうち、社内に草の根のような情報網が生まれる。市場に出回っている目新しいものを持ち寄って、長所や短所を議論したりするようになる。あれこれ試してみた末に、考えをめぐらす。「これより一世代先のもっといいものを、うちの会社でつくれないだろうか？」

従来型の企業では、従業員の意識が生産性や利益にばかり向いて、まったく別の角度から物事を眺める余裕がない。少なくとも、ほとんどの会社の大半の者が、そんなゆとりは持っていない。また、相互交流で触発し合う機会が乏しい。多くの企業は、本当に優秀なスタッフにしか斬新なアイデアを試す機会を与えず、専用の研究室や別棟などに隔離し、一般業務とのあいだに境界線を引いてしまう。天才を変わり者として扱い、新奇なものの影響が広がりすぎないように歯止めをかける。

個人的な想像にすぎないかもしれないが、世の中の人々は、起業家精神に富む環境を望んでいて、将来、そういう企業が主流になっていくのではないかと思う。わたし自身がつくった会社でも、ほかのところでも、起業家的な環境を求める傾向が感じられる。自分の努力がせめて認めてもらえて、何かの一部になっている実感が得られるような、いままで以上に思いやりある環境を、誰もが夢見ている。とくに若い世代、しかも才気あふれる人材は、定時に来て定時に帰るだけの仕事では物足りなく思っている。確固たる目的を持つ何かが欲しいわけだ。

「革新」の実例

前に挙げたiMacのエピソードから、革新性を生むには三つの条件が必要だとわかる。「協調作業」「コントロール」「従業員への刺激」

アップルの従業員は常日ごろ、「密接な協調」「相互交流」「コンカレント・エンジニアリング(各工程の並列進行)」について話し合う。つまり、開発のそれぞれの過程は、独立してただ順番におこなわれていくものではない。協議しながら並行して進めていくべきだ。デザイン、ハードウェア、ソフトウェアなど、すべての部署が、一体となって同時に作業を進め、途中、何度も何度も設計を見直す。いちどかかわった者は、必ず最後までやり遂げる。ぜったいに途中で離脱しない。

他社の幹部は、会議でどれだけ時間を無駄づかいしないか自慢する。ところがアップルは、さかんに会議を開き、それを誇りにしている。アップルの鬼才デザイナー、ジョナサン・アイブは言う。「うちみたいに野心的な人間が集まっていると、従来どおりの製品開発ではうまくいかないんです。難しい課題が複雑にからみ合うので、協力して一体になりながら開発していくほかありません」

ｉＭａｃでわかる第二の教訓は、コントロールの重要性だ。スティーブが職権を利用して、なかば強引にｉＭａｃの開発に踏みきったことは確かだが、強硬さばかりをうんぬんすべきではないだろう。彼の断固たる姿勢が、新しいアイデアの障害になるものを取り除いた、という面にも注目すべきだ。なにしろ、過去に役立った戦略や、アプローチ、製品ラインナップは、革新性の足かせになる恐れが大きい。成功はかえって失敗のもとになりかねないのだ。いちど成功すると、ついつい、また同じことをやればいいと油断して、ワンパターンにはまりやすい。以前うまくいったパターンにとらわれて、別のあらたな世界を思い描けなくなる。

新しいｉＭａｃの試作機をつくり、なんとしてでもこれを完成させると決意したスティーブは、アップル社内に、柔軟な発想、実験的な精神、あらたなものに挑む気構えを広めるべきだと言い張った。相も変わらぬやりかたを繰り返すのでなく、違う方法、違う製品に挑戦する。そういう方針は、たいがい、従業員の心を動かさずにいられない。「新しさ」の放つ魅力のおかげだ。人々を胸ふくらむ未来へ続く世界にいざない、創造力の発揮をうながす。スティーブは、おもちゃのような斬新なデザインのパソコンをつくると決めて、既成概念の束縛を断ち切った。

しかも、この新しいｉＭａｃをはっきりと目標に掲げることで、スティーブはアップル全体をおおいに奮い立たせる結果になった。ここはどんな奇抜なアイデアでも受け入れる会社である、と暗黙のメッセージを送ったからだ。優秀な従業員たちには、このうえない励みになった。

これこそが、第三の教訓だ。

もちろん、昔ながらの手段で従業員の意欲を高め、努力をねぎらってやるのも大切だ。たとえば、触れ合いの機会をつくって、部下たちをよく知り、どんな事柄が刺激になるのかをつかむ。意見に耳を傾ける。周辺的なアイデア、たとえば、梱包やマニュアルに関する提案であっても、きちんと価値を認めてやる（製品の梱包、ユーザーマニュアルといった細部が、製品の成功に大きな影響を与える可能性もある。何かを購入したものの、マニュアルの記述がややこしく、組み立てたり使ったりするのに何時間もかかった経験が、みなさんにも少なからずあるだろう）。

しかし——適切な人材を雇ってあるなら——最もだいじなのは、アイデアが埋もれずに陽の目を見るように、可能性を高めてやることだ。新しいアイデアへのこだわりを従業員たちに思い知らせているからこそ、スティーブのカリスマ性はまばゆく輝いて、革新を生み出し、革新的な社風を根づかせている。

二〇一〇年の「オール・シングズ・デジタル・カンファレンス」で、スティーブはこう語った。「アップルは驚くほど協調性に満ちています。アップル社内に社内部会がいくつあるかご存じでしょうか？　ゼロです。起業したばかりの会社と同じような組織構造になっています。アップルは地球上でいちばん大きな新興企業なのです。わたしが一日じゅう何をやっているかというと、いろんなチームと会議を開いて、アイデアを練ったり、新製品に伴うあらたな問題点を解決したりしているわけです」

それにひきかえ、一部の企業などは、革新的なアイデアの墓場のようになってしまっている。素晴らしいひらめきの数々が、死に追いやられて捨てられていく。たとえばPARCにしても、主要な開発スタッフが次々に辞めていった。いつまで経っても、せっかく開発した製品を市場に出してもらえないせいだ。自分たちが工夫を重ねた結晶、自分たちの誇りでもあり喜びでもある画期的な製品を、ぜひとも世間の人々の手に届けたかった。なのに、その願いがかなわなかった。だからPARCでは退職者が相次いだ。

ジャーナリストのレブ・グロスマンが、タイム誌にこんな印象的な文章を寄せている。「マイクロソフト、デル、ソニーをかき混ぜて一つの会社にしたら、アップルのテクノロジー生態系の多様さに近くなるだろう」

10　新しいアイデアの伝道

製品のアイデアを出す人物は、ひとりか、ふたりか、せいぜい三人。出されたアイデアを、現場のエンジニアや職人がおおぜいで支えて、実際の製品に仕上げる――そういうやりかたは、スティーブ・ジョブズの世界には存在しない。現在も過去も、そんな方式はぜったいにとらない。スティーブはもっと違う体制を築き上げた。直感力にすぐれる彼は、ごく初期から、協調作業の効果を見抜いていた。適切なチームを組めば、メンバーの知恵が合わさって強大な創造力になり、スティーブの夢を現実の製品に変えられる。スティーブの住む世界では、革新とは集団が生み出すものなのだ。

ＩＢＭで正反対の世界を見てきたわたしは、なおさら彼のやりかたの素晴らしさを感じる。前に書いたとおり、ＩＢＭでは革新性がないがしろにされていた。あの巨大企業には、世界でもトップクラスの創意に富む科学者やエンジニアが顔をそろえていた。並外れた才能を持つ面々が、あちこちの研究所にあふれんばかりだった。信じがたいほど、気鋭の人物が集まっていた。めまいがするくらいだった。にもかかわらず、わたしは失望を禁じえなかった。なぜか？　もうおわかりだろう。発明の才に恵まれたこのおおぜいのスタッフが、新製品の驚異的なアイデアや、既存製品の素晴らしい改良案を思いついても、ほとんどが実現せずに消えていくのだった。

いうまでもなく、優秀な従業員に耳を貸さない企業はＩＢＭだけではない。写真関連の大手企業、コダックは、従来よく知る業務をひたすらやり続けて……デジタル画像の時代に完全に乗り遅れた。あくまでコダック製品を使おうとしたら、いまだに、家族と休暇を過ごしたあと、あるいは子供の卒業式のあと、フィルムをどこかの店の現像窓口へ出しに行かなくてはいけない。

スティーブは、ほとんど無意識のうちに、こう気づいた。創造性はチームワークであると同時に、ほかの人々に教えて伝えていく必要がある、と。社内の従業員はもちろん、外部の提携先にも、いわば「伝道」していかなければならない。革新的なアイデアを教えるからには、その外部の組織にもチームの一部になってもらう。Ｍａｃチームは早くからこういう伝道を実践し、「伝道師《エバンジェリスト》」と自称するメンバーたちが外部の開発業者に働きかけて、アプリケーションソフトの数を増やしていった。

ホールプロダクト理論

ごくごく初期から、スティーブの理念は、総体的な製品開発の考えかたの延長上にあった。つまり、ハードウェアを手がける会社がソフトウェアも開発しないかぎり、出来のいいハイテク製品――動作が申し分なく、利用者の期待に添う製品――はつくれない。このように、製品をまるごと提供すべきだとする考えかたを、わたしは「ホールプロダクト理論」と呼んでいる。

この方針をめぐって、一時期、わたしはスティーブとさかんに議論を交わした。わたし自身は、「マイクロソフトのようにソフトウェアを独立させて販売したほうが、よりよい製品をつくれるし、ソフトウェア市場の主導権を握りやすいのではないか」という意見だった。

しかしスティーブは、それは間違いだと反論した。じゅうぶんな根拠のある主張でわたしを説き伏せただけでなく、時間の経過とともに、実績のかたちで正しさを証明してみせた。アップル製品が成功する一方で、他社の製品はほとんどどれも弱みを抱えていた。ハードウェア上でソフトウェアに最高の性能を発揮させるためには、どうしても、両方を合わせてコントロールする必要がある。この原則はハイテク業界に限った話ではない。もしスティーブがマットレス会社にいたら、フレームをデザインするだけでは満足せず、スプリングをいちばん安い仕入先から買って、自社で組み立て製造するだろう。

もしマイクロソフトがハードウェアも手がけていたら、現在わたしたちが知るＷｉｎｄｏｗｓよりもっとすぐれたソフトウェアをつくっているはずだ。ハードウェアを開発する側の苦労を味わっていないから、ソフトウェアとハードウェアをうまく噛み合わせるために何が必要かがわかっていない。Ｗｉｎｄｏｗｓはどのバージョンも、いらだたしい短所をたくさん抱えている。

マイクロソフトの場合、個人消費者向けの製品となると、さらに始末が悪い。出す製品どれもこれもが悲惨な失敗に終わっている。二〇一〇年なかばには、新しい独自のスマートフォン「ＫＩＮ《キン》」を発売したが、わずか約二カ月で市場から撤退した。しかしなおも懲りずに、まったく別のスマートフォンＯＳ「Ｗｉｎｄｏｗｓ Ｐｈｏｎｅ 7」で巻き返しを図った。すぐさまニューヨークタイムズ紙にこんな見出しの記事が載った。「有望なスマートフォン、欠点が多数」。記事はまず、製品名が紛らわしいと指摘していた。「これはＷｉｎｄｏｗｓとは関係ない。外見も動作も異なる。Ｗｉｎｄｏｗｓ用ソフトが動くわけでもないし、Ｗｉｎｄｏｗｓパソコンと組み合わせて使う必要すらない」。さらに、「目をみはる素晴らしい部分もあるが、ｉＰｈｏｎｅやＡｎｄｒｏｉｄに標準搭載ずみの機能があまりにも欠けている」

他社製品に組み込まれるソフトウェアを開発する業者は、たいてい、ビジネスを優先し、自社にとって最も有利な取引をめざす。消費者にとって最もすぐれた製品をつくろうなどとは考えていない。

こんな状況を想像してほしい。あなたがモトローラの製品開発責任者だとする。スマートフォンの新製品としてＷｉｎｄｏｗｓ Ｐｈｏｎｅ搭載のモデルを検討するため、マイクロソフト側の説明を聞くことにした。話し合いは順調に進み、手際のいいプレゼンテーションを眺める。締めくくりにマイクロソフト側が「ライセンス料は思いきって二十パーセント割り引きます」と条件提示する。

このあと、あなたはグーグルの担当者に会い、Ａｎｄｒｏｉｄのほうを採用すべきか比較する。こちらもプレゼンテーションは手際がよく、本格的だ。ソフトウェア開発者の優秀さは甲乙つけがたい。

ところが、条件の交渉に入ると不思議なことが起こる。Ａｎｄｒｏｉｄはオープンソースだから、ライセンス料は必要ないというのだ。なんの契約料金も払わずにスマートフォンをつくってかまわない。無料とは、じつに魅力的だ。もちろん、出来が悪ければ無料でも意味がないが、Ａｎｄｒｏｉｄは堅実なつくりだとわかったので、無料という条件には非常に心をひかれる……。

モトローラのＡｎｄｒｏｉｄスマートフォン「Ｄｒｏｉｄ」の利用者は、厄介な問題にしじゅう悩まされている。たとえば、わたしが知る双子の兄弟は、ふたりともモトローラのＤｒｏｉｄを買った。しかし以後、不良交換を繰り返し、その数はふたりで八台にものぼっている。まともに動作しないため、モトローラがなんども交換に応じたのだ。工場出荷時の初期設定に戻すなどの策は試してみたが、いっこうにトラブルが解消しなかった。この場合、モトローラとグーグル、どちらに責任があるのだろう？　消費者としては、判断のしようがない。

ｉＰｈｏｎｅのユーザーからも、電波が入りにくくて困るといった苦情は出ているが、おもにＡＴ＆Ｔのサービスが原因だ。先ほどのＤｒｏｉｄのような、電話機が本来持っているはずの機能に関してのトラブルはまずない。たしかに、ｉＰｈｏｎｅ ４の発売当初、アンテナの感度が悪いという騒動が起こった。この件についていえば、二つほど特殊な事情があったと思う。

まず、ふだんならスティーブ自身が細部まで目を光らせるのだが、この製品の開発時、健康上の理由により、彼は家族と過ごす時間が長く、ある程度の権限を部下たちにゆだねていた。

第二に、あらゆるビジネス面でナンバーワンと呼ばれている企業は、ナンバーワンに似つかわしい行動を求められる。マスメディアから、率直な対応を問われる。なのにアップルは、世間が期待したほどすばやく対策を打ち出したり、責任を認めたりしなかった。そのため、初めのうち沈黙を続けるアップルに対し、批判的な報道が続出して、事が大きくなってしまった。けれども、わたしが社内の情報筋から聞いたところによると、アンテナの問題が記事やインターネットで浮上し始めてまもなく、ｉＰｈｏｎｅの担当副社長のもとに、スティーブからこんな短いメッセージが届いたという。「アップルにあるまじき事態だ」。その副社長は——わたしの理解によると——解雇処分になった。もはやアップルにはいない。

社外開発

アップルでは、「ホールプロダクト」という用語は、完成したハードウェアだけをさすわけではない。その製品を使ううえで体験する事柄すべてを意味している。自然なかたちで生活に溶け込み、物事をふだんこなす方法で処理できて、あらたな操作法に慣れる必要がない――そんな製品設計が目標だ。自然で、直感的で、シンプルな使用感を実現しようとしている。

二〇〇〇年を迎えるころ、アップルは、ホールプロダクト戦略に行き詰まっていた。どんな企業であれ、何もかも順調にこなすのは難しい。おまけにアップルは財政難にあえいでいて、いっこうに回復のきざしが見えなかった。Macのパソコン市場シェアは三パーセントを割り込んだままだった。WindowsユーザーをMacに乗り換えさせる決め手になるような製品が欲しいと、スティーブは懸命に打開策を探していた。

音楽好きのスティーブだけに、いままでにない音楽利用体験を考えついたのは自然な流れといえるだろう。たくさんの曲を整理して、聞きたいときすぐに見つけて再生できるシステムをつくろうと思いたった。

キヤノンと提携してレーザープリンタをつくって以来、スティーブの態度は柔軟になっていた。社内のみで開発をすませる場合もあっていいし、社外にすでにある製品を活かす場合もあっていい。

当時、MP3音楽ソフトウェアでいちばん人気のある製品は「SoundJam MP」だった。開発元はキャサディ&グリーン。シリコンバレーにある小さな会社で、ほかにMac用のゲームソフトを数多く販売していた。SoundJamの中心的なプログラマー、ジェフ・ロビンは、かつてアップルにいた人物だった。SoundJamは大ヒットして、市場の九十パーセントを独占していた。

そこでアップルはこの会社と交渉に入り、ＳｏｕｎｄＪａｍを買い取ることにした。と同時に、ジェフ・ロビンがアップルへ復帰し、新しいインタフェースの開発責任者になった。ソフトウェアは「ｉＴｕｎｅｓ」と名前を変えて、二〇〇一年一月のマックワールド展示会で発表された。評判は上々だった……が、このソフトがやがて一般の人々の音楽体験を根底から変えるとは、まだほとんど誰も予測していなかった。未来を見通していたのは、スティーブとｉＴｕｎｅｓチームのメンバーくらいだ。

最初のうち、ｉＴｕｎｅｓは単独の製品かと思われた。しかしいま振り返れば、スティーブの壮大な製品戦略の第一歩だったのだ。

製品の決定

話はさかのぼるが、スティーブは、カーネギー・メロン大学が開発する最先端のソフトウェア「Ｍａｃｈ《マーク》カーネル」に注目し続けていた。カーネルとは、オペレーティングシステム（ＯＳ）の核となる部分だ。じゅうぶん検討した末、彼は、このカーネルを柱にすればパソコンの新世代ＯＳをつくれる、と見込んでいた。アップルをいったん去る前、クレイ製のスーパーコンピュータを一台注文して、Ｍａｃｈをベースにした０Ｓの開発作業に取りかかった（ただし、社内でやや問題視された。スティーブは一千万ドルまで自由に使う権限を持っていたが、このスーパーコンピュータは約千二百万ドルだった）。

アップルではまだＭａｃｈに本格的には取り組めなかったものの、ここで切り開いた土台が、やがてネクストの新型コンピュータで実を結ぶことになる。スティーブは、アビー・テバニアンという人物に目をつけた。数学の学士号、コンピュータ科学の修士号、博士号を持つアビーは、まだ大学生だったころからずっと、カーネギー・メロン大学でＭａｃｈ開発の重要な役割をになっていた。スティーブの誘いに応じ、アビーはシリコンバレーへ引っ越してネクストで働き始めた。

スティーブが思い描くＯＳに対して、アビーには知能、経験、意欲、情熱がすべてそろっていた。ふたりが手を組んだことは、どちらにとっても賢明な選択だった。そのあとアビーが中心になって、ネクストの新型オペレーティングシステム「ＮｅＸＴｓｔｅｐ」が完成する（もちろんＭａｃｈカーネルを土台にしたＯＳだ）。ネクストにとってもスティーブにとっても、これがその後の命綱となった。のちにアビーは、スティーブの復帰とともにアップルの一員となり、Ｍａｃ向けの新世代オペレーティングシステム「ＯＳ Ｘ《テン》」の開発を指揮した。まだ当時は誰も――スティーブやアビーでさえ――想像できなかったが、やがてこのＯＳの省機能バージョンのおかげで、世界で最も使いやすく最も先進的な携帯電話が誕生するわけだ。

スティーブの配下のエンジニアたちや製品チームリーダーたちは、毎年、無数のアイデアを検討する。そのうち少なからぬ数が、出色のアイデアだ。しかし、ここからしばらくは、ある一つだけに着目して、スティーブが「よし、このアイデアの実現に取り組もう」と決意するにいたった経緯を追ってみたい。

アップルの社内チームは、最先端技術の動向にたえず目を光らせているだけに、つねに準備態勢を整えて、なんらかの新製品を完成させる要素が出そろうと、すばやく飛びつく。iTunesを手に入れたあと、当然の流れとして、スティーブや、ジョン・ルビンスタイン（通称ルビー）ひきいるチームは、あらたな音楽プレーヤーを構想し始めた。Macの新発売と同じくらい画期的で魅惑的な、MP3再生プレーヤーだ。しかし、必要な要素がまだそろっていなかった。

前にも書いたとおり、暫定CEOに就任したあとのスティーブは、多くのプロジェクトを打ち切った。ごみ箱行きになった一つに、革新的な個人用携帯情報端末（PDA）として注目された「Newton」がある。スティーブは、アップルの中核をなす製品ではないとして、開発中止を決めた。

ところが数年後、財政状態がだいぶ安定したころには、状況が変わってきていた。PDAの市場が活気づいてきたのだ。その一方、携帯音楽プレーヤーの売上げは鈍り始めていた。音楽プレーヤーよりPDAのほうが有望らしかった。ただ、スマートフォン市場が立ち上がるはるか前にもかかわらず、いまPDAを使ってやっていることはいずれ携帯電話でこなせるようになるだろう、とスティーブはいち早く見通していた。だから、ＰＤＡ市場が一時的に爆発する気配に気づきながらも、それには背を向けて、ほかの可能性を探した。

次の製品を模索していたスティーブとルビーは、静止画や動画のデジタルカメラ、音楽プレーヤー、携帯電話あたりに創造的な設計の製品が増えつつあると感じた。その傾向の行方を見定めるため、ルビーの陣頭指揮のもと、各社が使用しているハードウェアとソフトウェアを評価する作業に入った。結果、デジタルカメラには、じゅうぶんまともなソフトが組み込まれていた。しかしデジタル音楽プレーヤーは違った。ルビーはコーネル・エンジニアリング・マガジン誌でこう語っている。「世間に出回っている製品は、ひどい出来でした。サイズは大きいし、すごく重い。ユーザーインタフェースもあんまりでした」

一方でスティーブは、音楽プレーヤー市場の重要性に大きな魅力を感じ続けていた。都合のいいことに、競争はそう激しくなく、利用体験を根本から変える製品を出せば、市場を独占できるチャンスが熟しているように思えた。

ほかの場面で、条件がそううまい具合に整わないときもある。アイデアの実現にふさわしいものがほとんどそろっているものの、一部にまだ技術的な壁があり、一つか二つ、主要な部品がアップルの基準に満たなかったりする。しかし今回は、すべてが出そろっていた。

ルビーが少し前に日本の東芝を訪れ、アップルの各種製品向けにハードディスクを提供してもらう相談をした。その際、従来より小型の一・八インチハードディスクを開発中という話を耳にしていた。ただし、まだ市場が見あたらないとのことだった。何か用途がないものか？

小さいながら、データの記憶容量は五ギガバイトもある。そのころとしては驚異的だった。そこでアップルは、このハードディスクの独占契約を結んだ。

小型バッテリもすでにできあがっていた。おかげで、のちに利用者は、まだ数曲しか聴いていない気がするのにまた充電、などというはめに陥らずに済んだ。

さらにもう一つ必須の要因があった。気づく利用者は少ないだろうが、じつは全員に恩恵をもたらす技術だ。従来のＭＰ３プレーヤーでは、音楽ライブラリをダウンロードするのに延々と時間がかかっていた。ところが、アップルが中心になって開発した「ＦｉｒｅＷｉｒｅ」という技術のおかげで、数分でダウンロードが可能になったのだ。以上のような技術の要素が組み合わさって、しゃれた小さな「ｉＰｏｄ」ができあがった。

アップルの高いソフトウェア開発能力を活かせば、いままでにない携帯音楽プレーヤーをつくれそうだった。さらに、美しい外形デザインならお手のものだし、小型化も得意だった。

「だからスティーブが、音楽プレーヤーの方向で進めようと持ちかけてきたんです」と、ルビーは言う。

開発チームのメンバー自身が、早く使いたくてたまらず、完成が待ち遠しくてしかたない――そんな製品開発の現場を想像してみてもらいたい。のちにｉＰｏｄと名づけられる製品は、まさにそういった興奮を巻き起こした。買い集めた音楽コレクションをほとんどまるごと持ち運べると考えると、自分自身、欲しくてたまらなくなった。

ジョナサン・アイブがこう証言する。「僕も含めて、プロジェクトにかかわったみんなが、アイデアに圧倒されました。つくるのが難しいせいというより――まあ、たしかに大変でしたが――ぜひ欲しくてしかたなかったからです。……ｉＰｏｄほどメンバーみんなが完成を熱望した製品は、ちょっとほかに思いあたりません」

ただし、二〇〇一年のクリスマスシーズンに販売できるように完成させよ、とスティーブから命令がくだった。ｉＰｏｄの開発には約十カ月しかかけられない計算だった。信じがたい短期間といえる。

設計で難しかったのは、かつてない高性能を実現しつつ、たばこの箱と大差ないサイズに回路を詰め込まなければいけなかった点だ。

基本的なコンセプトを決めるまでは簡単だったが、設計には誰か新しい人材の手を借りる必要があった。現場にいたメンバーの証言によると、ルビーは心当たりに電話をかけまくったらしい。ある有力候補が、自分はあいにくよその仕事を引き受けたばかりだが、トニー・ファデルはどうか、と推薦してきた。ルビーはさらに何本か電話をかけて、スキー旅行中だったトニーの連絡先をつきとめた。やがて彼が話を聞きにやってきた。ルビーはプロジェクトの内容を明かさないまま、彼を雇い、最初は相談役にすえた。

アップル社内のほかのプロジェクトと同様、主要なメンバーはたえず意見を交換して、おたがいの作業をさらに密接にしていった。スティーブ、ルビー、ジェフ・ロビンズ、フィル・シラー……。

もちろんのこと、スティーブは、部下が完成品を持ってくるのを執務室にすわって待っているような、受け身の姿勢の企業幹部ではない。本書をここまでお読みになったみなさんには想像がつくだろうが、ｉＰｏｄの開発に関しても、スティーブは深く頻繁にかかわった。マーケティング上の勘どころを直感的につかみ取り、文句のつけようのないデザインを要求して、開発チームを引っぱっていった。「製品は驚くほど使いやすくなければならない」という終始一貫したこだわりは、今回も揺らがなかった。再生したい曲にたどり着くまでボタンを三回も押さなければいけないと文句を言い、メニューが表示されるのが遅いと腹を立て、音質がすぐれていないと改良を命じた。

それでもスケジュールどおりに進んでいたのだが、開発の終盤に入って、致命的になりかねない問題点が発覚した。スイッチをオフにしているあいだもバッテリを消耗してしまい、フル充電しても、バッテリが三時間しかもたなかった。電気回路はすでに完成とみなされ、組み立てラインの準備中という段階まで突入していた。いったんストップをかけて解決策を編み出すまで、しばらくかかった。重要な役割を果たした社外のあるメンバーは、こう振り返る。「八週間のあいだ、再生三時間のＭＰ３プレーヤーで我慢するしかないかも、と考えていました」

タイミングの難しさ

ｉＰｏｄの新発売には、いくつもの外部の出来事が影を落とした。十月末、インテルが家電事業から撤退すると発表し、市場対応の難しさを浮き彫りにした。インテルはエンジニアの優秀さやマーケティングの巧みさで知られている。にもかかわらず、一般消費者向けの電化製品では儲ける方法が見つからない、とあきらめたわけだ。生産を打ち切った製品の中には、携帯ＭＰ３プレーヤーも含まれていた。

インテルの撤退のほかにも心配の種は多かった。景気の先行きも、著作権がらみの訴訟も不安材料だった。いわゆる「ドット・コム・バブル」がはじけた後だったから、ハイテク業界には、挫折した会社の残骸が散らばり、職を失ったエンジニアがあふれていた。また、音楽著作権の侵害や著作権料の未払いをめぐって、法廷は大忙しの状態だった。

そのうえ間の悪いことに、時は二〇〇一年。ｉＰｏｄの発売予定わずか一カ月ほど前に、九月十一日の世界貿易センタービル爆破テロが起こった。国の将来はいったいどうなるのかと、アメリカじゅうが呆然とし、恐怖に駆られた。悲劇の犠牲者をいたみながら、同様のテロがまだ続くのだろうかとおびえていた。

ｉＰｏｄを大々的に発表する予定日まで一カ月あまり。スティーブは決断を迫られた。手塩にかけた魅力的な小型音楽プレーヤーを、このタイミングで予定どおり世界に向けて披露すべきだろうか？

　しかし考えてみると、新しいものの誕生を広く知らせることは、人々に温かい気持ちをもたらすにちがいない。世界が崩れ落ちそうに感じられるなか、スティーブは計画の続行を決めた。

自社製品の「伝道師」になる

　スティーブはいつものようにアップル本社で製品発表にのぞんだ。十月二十三日、招待客のみからなる聴衆を前に、新技術の美しい結晶「ｉＰｏｄ」を発表した。ハイテク時代に軽やかなステップをもたらす、まるで現代版フレッド・アステアのような製品だ。

　ほどなく、アップルの開発陣もスティーブ自身も、しゃれた白いイヤフォンをはめて足でリズムをとる人々を世界じゅうで見かけるようになった。

　スティーブは、チームをひきいて、革新性の水準をいっそう引き上げるとともに、「ホールプロダクト」の素晴らしさを社内外にいわば「伝道」した。

　彼をよく知るわたしとしては、製品発表のパフォーマンスを見るたび、映画『エルマー・ガントリー』を思い出す。主演のバート・ランカスターが情熱あふれる伝道師となって、信奉者たちを奮い立たせる一方、不信感を抱いていた人々の認識をあらためさせていく……。同じように、アップルの信奉者を狂喜させ、懐疑的な人々の考えを変えていくスティーブ・ジョブズは、究極の「製品伝道師」なのだ。

幅広い層に訴えかける

状況からみて必要なら、聴衆が大人数でなくてもかまわない。相手がひとり、あるいはごく数人でも、スティーブは同じくらい効果的に伝道師としての使命を果たす。音楽業界の大手各社と交渉し、iTunesミュージックストアの実現へ道を切り開いたときも、交渉先を啓蒙しながら、利用者が体験することすべてを統合してこそホールプロダクトだとの考えを貫いた。消費者と完全に一体化して物事を見ることができるスティーブは、iTunesミュージックストアを利用する人々がどんな思いをするか、構想の段階でくまなく想像した。どうやって曲を購入し、どう活用して、日々どう楽しむか。すべてがホールプロダクトの一部分なのだった。

当時、音楽業界の収益は落ち込みつつあった。二〇〇二年だけで下落率八・二パーセントと、危険な域に達していた。これに対し、大手レコード会社五社と、その業界団体である全米レコード協会（RIAA）は、「Napster《ナップスター》」などのオンラインサービスを通じて違法コピーが横行しているせいだと決めつけた。

そこでＲＩＡＡは裁判を起こして、Ｎａｐｓｔｅｒを閉鎖に追い込んだものの、「ＫａＺａＡ《カザー》」を始め、中央のサーバーを置かない分散型のファイル共有サービスまでつぶすのは至難の業だった。しかも、個人、団体の見境なしに、著作権侵害の疑いがあると裁判に持ち込むというＲＩＡＡのやりかたは、世間から白い目で見られた。肝心の顧客である音楽ファンとのあいだに心の溝が生じてしまったわけだ。

一方で、業界各社は、自前のオンライン音楽配信サービスを用意し始めた。大手レーベル五社のうち、タイム・ワーナー、ＥＭＩ、ベルテルスマンが共同で「ＭｕｓｉｃＮｅｔ」、残るソニーとユニバーサルも対抗して「Ｐｒｅｓｓｐｌａｙ」を立ちあげた。しかし愚かな話だが、双方とも、相手陣営が権利を持つ曲は配信しようとしなかった。そのうえ、月額の利用料をとるという根本的なあやまちをした。料金を払い続ける必要があるとなると、結局のところ、利用者はじつは曲を自分のものにできていないことになる。サービスから退会したとたん、代金を払ってダウンロードした曲が再生不可能になってしまう。

業界側は、音楽を携帯ＭＰ３プレーヤーに移すことも許可したがらなかった。ＭｕｓｉｃＮｅｔでは最初のうち曲を移動できなかったし、Ｐｒｅｓｓｐｌａｙも制限付きで、できないのと大差なかった。やがてこの二つの競合サービスは相手陣営にも曲をライセンス提供し始めたが、もう手遅れだった。曲の移動に関する制限もやや緩和したものの、なお中途半端で、音楽ファンのひんしゅくを買うばかりだった。ようするに、音楽業界はビジネスの根本にかかわる失敗を犯していた。顧客の都合を無視していたのだ。

もしこのとき、ハイテク業界のある人物があなたたちの救世主になるかもしれない、などと予言したら、音楽業界の人々は笑い飛ばしただろう。なにしろ、コンピュータやインターネットは、彼らの収入源をめちゃくちゃにする宿敵だった。この頑固な思い込みを崩すには、ほかのハイテク関係者では無理だったと思う。しかしここでスティーブは本領を発揮した。彼は正しい未来を見抜き、なおかつ粘り強い。

スティーブらアップルの交渉役たちは、著作権侵害は倫理の問題であってテクノロジーの問題ではないと訴えた。技術そのものではなく、使いかたが原因なのだ。それに、テクノロジーを追い払えるはずもないし、テクノロジーを無理やり管理下に置こうとするのは、むなしい努力どころか、人類にとって有害な行為にあたる。

ビジネスウィーク誌の記者、アレックス・ソークエバーは、二〇〇三年四月の記事の中でこう説明している。「最初からつねに、スティーブは、著作権侵害を難しくするよりも、音楽を正しく購入しやすくすることをめざしていた」。二〇〇三年、連邦裁判所が、「ピア・ツー・ピア（専用サーバーを介さないコンピュータ相互接続）によるファイル共有サービスには、音楽の著作権侵害とは関係のない合法的な用途がある」との判断を示した。スティーブの「技術そのものではなく、使いかたが原因」という主張を支持するかたちだった。

スティーブは、「敵」——音楽を違法ダウンロードする人たち——を抑え込もうとしても時間の無駄と考えていた。失敗するに決まっている。音楽業界の崩壊につながりかねない。筋道だてて説得しても、音楽業界の警戒心はなかなか解けなかった。明らかに、新技術の登場が大きな混乱を招き、従来の収支モデルを覆してしまったのだった。

オープンな態度で新しい形態を受け入れれば、音楽業界は生き残っていける、とスティーブは懸命に説得を試みた。ビジネスなのだから同じ場所にとどまってはいられない、進化に対抗するためにはさらに進化するしかない、と。

アップルはまだ必ずしも強い立場だったわけではないが、スティーブは不屈の精神を持っていた。そのころのアップルの市場シェアは三パーセントにすぎない。ＲＩＡＡの最高責任者だったヒラリー・ローゼンは、それがかえって有利に働いたと考えている。「アップルの市場シェアが小さかったせいで、音楽業界側はリスクがかなり低いと踏んだのです」

音楽業界のリーダーたちは、過去の経験から、「ハイテク関連の人間はしょせん、音楽分野の事情や仕組み、収益の上げかたがわかっていない」と見下していた。ところがスティーブは違った。事前の研究を怠らず、業界内部を徹底的に理解していた。ビジネスの核心をすばやくとらえる能力のおかげもある。また、スティーブが電話一本かければ、ボノやミック・ジャガーなどの超一流ミュージシャンが質問にこたえてくれる点も、交渉の進展に役立った。

最終的に、勝利の決め手は何だったのか。ＲＩＡＡのローゼンは言う。「業界を合意に導いたのは、純粋にスティーブの意志の力です。きわだったカリスマ性と熱意が、はっきりと効果をもたらしたのです」。ＥＭＩのある幹部は、何週間もスティーブの偉大さばかりを話題にし続けたほどだ。

一連の交渉が終わってみると、スティーブは、音楽業界のリーダーたちが自力ではできなかったことを成し遂げていた。音楽配信について、大手五社すべてと同一の契約を結んだのだ。アップルがあらたにつくるｉＴｕｎｅｓミュージックストアで、どの会社の楽曲も販売できるようになった。ｉＴｕｎｅｓミュージックストアの契約は一年ごとに更新するかどうかを決められるから、音楽会社のほうも安心だった。

音楽業界には、スティーブのようにデザインとスタイルにこだわるビジネスマンが必要だったのだろう。スティーブは、テクノロジーの知識、音楽への愛情、音楽業界についての完璧な理解という、三つの条件を合わせ持ったまれな人物だ。

ご存じのとおり、ｉＴｕｎｅｓミュージックストアは圧倒的な成功を収めたので、契約の更新を渋る音楽会社などもちろんなかった。一年目が終わるころには、各社とも、再契約のサインをしようと、ペンを片手に列をつくった。

自社製品の「伝道師」になることの意義

革新的なアイデアを「伝道」する人物は、なにもスティーブ・ジョブズただひとりではないだろう。ただ、誰にとってもスティーブがいいお手本になるはずだ。わたし自身、ホールプロダクト開発という視点を失っていないかどうか、たえず反省するようにしている。社内、社外を問わず、あらゆるアイデアの可能性に目を向けているか。自社製品の「伝道師」として、わたしは、製品をよりよくする提案にはすべて耳を傾け、オバマ大統領ではないが「Yes, we can!（できるとも）」という精神で接するように心がけている。どんなアイデアも、じゅうぶん検討する価値があり、安易に却下してはいけない。

みなさんもぜひ、社内のスタッフからの提案だけでなく、外部からの声も参考にするように、いつも受け入れ態勢を整えておくべきだ。自社製品の伝道師だという気構えを忘れてはいけない。業界の外にいる人々や、製品の顧客になりそうもない人たちなど、たまたま知り合っただけの相手も含め、幅広い層に向けて、新しいアイデアを伝えていく必要がある。わたしはどんな相手にも、アイデアを浸透させようと努力する。そうすると、こんどは逆に、ほとんど知らない相手から素晴らしい提案が寄せられたりする。

製品そのものの出来や、今後の改良案に関しては、「購入した人にとって役立つか？」が判断の基準になる。答えを出すためには、おもにこう考えてみればいい。「自分自身、個人的にこの機能が欲しいだろうか？　喜んで使うだろうか？」。もし答えが「ノー」なら、それ以上は推し進めても意味がない。

スティーブと同様、わたしも、視覚的に提示されるアイデアのほうがはるかに把握しやすい。だから部下たちにはこんなふうに命じる。「アイデアは、模型や試作品のかたちで示してもらいたい。あるいは、コンピュータ上で眺められるようなデモを用意してほしい。口頭や書面で伝えられただけだと、意図をくみとって頭の中に思い描くのに苦労する。可能なかぎり、じかに目で確かめたい」

製品設計の段階では、自社だけでホールプロダクト開発できないかをまず検討する。それが得策ではない――なんらかの主要な部分に他社の力を借りたほうが、まちがいなくいい――となったときも、わたしは責任を持ってスムーズな統合をはかり、自力ですべてを開発した場合と同じくらい使いやすくなるように配慮する。こちらで主導権を握って、想定どおりに動くホールプロダクトをつくれるのなら、外部の技術を利用してもかまわない。

第四部　「しゃれている」を売りにする

11　気をひくための工夫——ブランドの確立

スティーブ・ジョブズとスティーブ・ウォズニアックは、シリコンバレーの偉大なる伝統に従ってアップルを旗揚げした。つまり、ヒューレット・パッカードをつくったウィリアム・ヒューレットとデイビッド・パッカードのふたりと同じように、たがいに協力しつつガレージの中で会社をおこしたのだ。

そういうガレージ時代のある日、スティーブ・ジョブズはインテルの広告を目にした。ハンバーガーやポーカー用チップなど、ふつうの人たちがなじみやすい画像が使われていた。技術的な用語や記号をいっさい入れていないのが大きな特徴だった。ひどく感心したスティーブは、この広告の発案者を見つけ出すことにした。この魔法使いにアップルにも同じ魔法をかけてもらいたい。アップルというブランド名はまだほんの一部にしか知られていなかった。

スティーブはインテルに電話して、広告キャンペーンを請け負った人物についてたずねた。仕掛け人はレジス・マッケンナという名前だと判明した。スティーブはレジスの秘書に連絡をとって、面会を申し込んだが、門前払いされた。そこで、電話をかけ続けた。毎日毎日、しまいには一日に四回。とうとう秘書が、もうわたしうんざりだから、会ってあげてください、とレジスを説得した。

スティーブとウォズは、先方のオフィスへ出向いて、アップルを売り込んだ。しかし、謙虚に聞き終えたレジスが、あいにく興味を持てないとこたえた。スティーブは動じなかった。アップルはこれから立派な企業に成長し、インテルと遜色ない存在になると、繰り返し力説した。品のいいレジスは、ふたりを追い出すことができず、結局、スティーブの粘りに根負けして、アップルを顧客に加えることにした。

……と、これはこれで美談だろう。いろいろな書籍には以上のように書かれているが、実際の経緯は少し違う。

レジス本人によると、現実はこんなふうだった。彼がハイテク分野にかかわるようになったころ、業界の広告は、製品の技術的な素晴らしさを事細かに宣伝するのが常識だった。しかし、インテルを顧客に迎えた彼は、「カラフルで楽しい」広告をつくりたいと提案した。ごくふつうの人々の目をひくような広告に仕上げるため、思いきって、「マイクロチップとポテトチップの違いもわからない、一般消費者向け業界出身のクリエイティブディレクター」を抜擢した。とはいえ、承諾を得るのは楽ではなかった。「アンディ・グローブをはじめ、インテルの幹部にアイデアを売り込むのは非常に苦労しました」

この種の創造力こそ、スティーブが望むものだった。最初のミーティングでは、ウォズが広告の土台になる技術情報を書き連ねて、レジスに示した。専門的な用語だらけで、しかもウォズは、その草稿をほかの人が書き直すのを嫌がった。そこでレジスは、どうやら力になれそうにない、とことわったわけだ。

しかしそこはスティーブのことだから、欲しいものをこれと決めたら、簡単にあきらめたりしない。レジスともういちど会う段取りをつけた。こんどはウォズには内緒だった。二回目のミーティングで、レジスはスティーブから前回とはまったく違う印象を受けたという。こちらの印象が、以後、今日まで続いていると、こんなふうに語っている。「よくみんなに話すんですが、わたしがシリコンバレーで出会ったうち、本当に未来を見通す力にあふれた人物はふたりだけです。ボブ・ノイス（インテルの創業者のひとり）と、スティーブ・ジョブズ。ジョブズはウォズを、エンジニアリングの天才だとたいへんほめていますが、投資家から信頼を勝ち取って、アップルの未来を構想し、会社を前進させていったのはジョブズです」

二度目のミーティングを終えたとき、スティーブは、アップルを顧客にするという同意をレジスから取りつけていた。「ジョブズは、何かを手に入れたいとなったら、あくまで粘ります。当時もいまも変わりません。ときには、彼との会合を終えようとしても、なかなか終わらせてくれませんでした」とレジスは証言する。

少し余談になるが、アップルの広告用資金を調達するため、レジスはスティーブを交渉役に立てて、ベンチャー投資家のドン・バレンタインに打診した。当時、セコイア・キャピタルの共同経営者だった人物だ。「あとでドンから非難めいた電話がかかってきましたよ」とレジスは振り返る。「なぜきみは、人類から逸脱したような連中を寄こしたんだ、とね」。けれども、スティーブはまたしても勝利を収めた。ドン自身は投資を渋ったものの、マイク・マークラに話を回したのだ。このマイクが個人的な投資を決意して、アップルの株式会社化を後押しした。見返りとして、マイクはふたりのジョブズと同じ量の株式を手に入れた。また、投資銀行家のアーサー・ロックと話をつけ、アップル初の巨額な融資を得るなど、マイクはさまざまな貢献をして、前述のとおり、のちには暫定的にCEOにもなった。

このように、スティーブはレジスを見つけ出し、説得して、アップルの広告キャンペーンを引き受けさせたわけだが、このエピソードにはもう一つ注目すべき点があると思う。まだ非常に若かったスティーブが――おそらく読者のみなさんよりはるかに実務経験が乏しいにもかかわらず――なぜか、ブランド力の重要性を強く認識していたということだ。大学や大学院でビジネスについて学んだわけでもないし、身のまわりに企業幹部か何かがいて見習ったわけでもない。なのに、ごく初期から、アップルというブランド名を浸透させなければ大きな成功は望めないとわかっていたのだ。

それにひきかえ、わたしが知るビジネス関係者の多くは、この大切な原則をいまだに理解していない。

ブランド確立のテクニック

アップルをブランドとして確立し、知名度を高めるため、レジス・マッケンナに協力する広告代理店が必要になった。見つけるのにたいした苦労はいらなかった。シャイアット・デイだ。一九六八年の設立以来、きわめて創造的な広告を生み出し、誰もが見たことのある有名な作品を残してきた。ジャーナリストのクリスティ・マーシャルは、この代理店をみごとに描写している。「ここでは、成功が傲慢を引き起こし、熱意は狂信と紙一重。集中力がもはやノイローゼにさえ見える。広告業界は、この会社の独創的な、多くは魅惑的な広告を、無軌道で効果が薄いと嘲笑し――そして、あとで模倣する」

シャイアット・デイは、のちにあのテレビCM「１９８４」を製作する会社だ。スティーブがなぜここを気に入ったのか、この描写からある程度うかがえるだろう。

画期的で巧みな広告を出したいと考え、大胆不敵な手法を使う勇気があるなら、この記述でわかるとおり、異色で興味深い広告代理店が存在するわけだ。

シャイアット・デイ社内で「１９８４」を思いついた広告担当者、リー・クロウは、現在では、世界最大の広告会社グループＴＢＷＡワールドワイドのトップを務めて、創造性あふれる部下たちに気を配り、じょうずに取りまとめている。こつは、「彼らは五十パーセントの自負心と、五十パーセントの不安からなっています。きみたちは優秀だし貴重な人材だと、しじゅう言ってやる必要があります」

スティーブは、自分の厳しい基準に合った人物や会社をいったん見つけると、あとはひたすら信頼を示す。リー・クロウによれば、よその大企業の場合、急に広告代理店を変えるケースが珍しくないという。何年にもわたって驚くべき成果を上げてきたのに、突然よそへ乗り換えたりする。しかし、アップルはまったく違う。「ごくごく最初から、とても個人的な雰囲気の契約でした」。アップルの姿勢はつねに、「われわれが成功すれば、きみたちも成功する、でした。こちらがうまくやれば、向こうもうまくいく」。そういう顧客を失うときは、自分の会社がつぶれるときくらいだろう。

クロウが語るとおり、彼の配下のデザイナーやクリエーターたちを、スティーブは初期から現在にいたるまで長年変わらず信頼し続けている。この信頼のおかげで、クロウは「アイデアや貢献ぶりに敬意を払ってくれていると感じる」という。

スティーブの揺るがない信頼は、具体的な行動に表れている。彼がアップルを離れてネクストを設立したとき、アップルの経営陣はすぐに広告代理店を変えてしまった。しかし十年後、アップルに復帰したスティーブは、すかさずまたシャイアット・デイと契約を結び直した。歳月とともに、顔ぶれは入れ替わっていたものの、すぐれた創造性は健在で、同社のアイデアや貢献に対するスティーブの思いも変わってはいなかった。

生きた広告塔

雑誌、新聞、テレビなどを通じて世間に広く顔が知れわたる人物は、そう多くない。しかも、ほとんどが政治家、スポーツ選手、俳優、ミュージシャンだ。実業界では、そんなふうに顔が売れることなど珍しい。ところがスティーブは、あえて努力したわけでもないのに、「アップルの顔」になった。

アップルが成長するにつれて、シャイアット・デイをひきいるジェイ・シャイアットは、自然発生的に始まったスティーブの人気をさらに活用しようとした。スティーブをアップルやアップル製品の「広告塔」として前面に押し出すことにしたわけだ。クライスラーの再建時にリー・アイアコッカが演じたのと同じような役割を持たせる狙いだった。初期から現在まで、スティーブが――直感にすぐれているが、気むずかしく、賛否両論を浴びる彼が――アップルの唯一無二の「顔」だ。

「Ｍａｃ」の売上げが伸び悩んだころ、わたしはスティーブに助言した。リー・アイアコッカがクライスラーでやって成功した手を真似て、スティーブがカメラの前に立ってアップルの広告をしたらどうか、と。なにしろ、すでにスティーブはさまざまな雑誌の表紙を飾り、アイアコッカがクライスラーの宣伝をし始めたときよりもずっと顔がよく知られていた。スティーブ本人はこの案に乗り気になったが、広告を決める権限を持つ幹部たちに却下されてしまった。

たしかに、当初のＭａｃはいくつか弱点を抱えていた。けれども、新発売時にはたいていの製品がそうだろう（マイクロソフトが出す製品の第一世代ほぼすべてを思い出してもらいたい）。Ｍａｃの圧倒的な使いやすさにくらべれば、メモリ容量が小さいことや画面がモノクロであることはささいな問題にすぎなかった。アップルにはすでに相当な数の固定ファンがいて、娯楽業界、広告業界、デザイン業界でも人気が高かったから、発売直後のＭａｃは売れ行き好調だった。また、その後Ｍａｃがきっかけになって、デスクトップパブリッシング（ＤＴＰ）が専門家、アマチュアどちらのあいだでも大流行した。

Ｍａｃには「メイド・イン・ＵＳＡ」と明記されていた点も効果的だった。Ｍａｃの組み立て工場ができたカリフォルニア州フリーモントでは、かつてその地域の経済を支えていたゼネラル・モーターズの工場が近く閉鎖されるところだった。アップルは、全米から注目されると同時に、地域の救いの神でもあったわけだ。

あらためて指摘するまでもないが、Ｍａｃという製品やブランド名は、まったく新しいアップルをつくり出した。なのに、スティーブがいなくなったあとは急に輝きがあせて、アップルはよそと大差ないコンピュータ企業に成り下がり、ライバル他社と同じように旧来の販売ルートを使い、製品の革新性ではなく市場シェアを評価基準にすえてしまった。ただ一つ明るい材料は、そういう苦難の時期にも、熱心なＭａｃファンが存在し続けたことだ。

ブランド力のさらなる強化

ブランド確立のお手本としてスティーブの手腕を眺めた場合、消費者の意識の中に一貫した有意義な製品イメージを植えつける天才だとすぐにわかるだろう。どんなふうにアピールすれば世間の人々が製品に夢中になるかを直感的に正しくつかみ、しかも、こだわるところには、とことんこだわり抜く。製品設計の素晴らしさや動作のスムーズさももちろん大切だが、それだけではなく、利用者がその製品をどう感じるかが成功の鍵を握るのだと、スティーブは心得ていた。

一九七七年に「ＡｐｐｌｅⅡ」を発表したとき、スティーブは、有名なテレビトーク番組の司会、ディック・カベットをコマーシャルに起用し、製品の魅力を語らせた。カベットは、教養ある人々から絶大な支持を得ていて、ＡｐｐｌｅⅡはまさにそういった層を顧客として狙っていた。広告の効果もあって、一九八〇年を迎えるころには、ＡｐｐｌｅⅡの市場シェアは八十パーセントに達し、対応アプリケーションソフトは千種類を超えた。

ＡｐｐｌｅⅡのブランド構築が大成功し、マスメディアがアップル（とスティーブ）を絶賛するのを目の当たりにしたからこそ、ＩＢＭはパソコン市場への参入を決めたのだろう。じつをいえば、開発そのものは前々からおこなっていた。一九七六年の時点で、わたしはＩＢＭの研究所を訪れ、パソコンを目撃している。ただ、大企業にメインフレームコンピュータを提供することが事業の柱になっていて、一般消費者市場の重要性はまだ認識していなかった。ＩＢＭが参入してくると聞いて、スティーブは初めのうち神経をとがらせたものの、彼がほとんど天性のような鋭い直感力で数々の勘どころを見抜いたのに対し、ＩＢＭは結局、大切な点をつかめずに終わった。「ＩＢＭ ＰＣ」の初登場は一九八一年。その二十四年後、ＩＢＭはＰＣ事業部門を閉鎖した。

一方、新星のごとく現れたアップルは、実業界の歴史上、最速の記録で「フォーチュン500」にランクインし、優良企業のお墨付きを得た。

有効な方法を貫き続ける

スティーブがレジス・マッケンナやジェイ・シャイアットの協力を取りつけたおかげで、おたがいに創造性を発揮する機会が生まれて、いまもなお、アップルというブランドイメージを支える結果につながっている。「１９８４」のコマーシャルは序の口にすぎなかった。スティーブの復帰後、シャイアット・デイは、才能豊かなアートディレクター、リー・クロウをアップルの担当責任者に任命した。このクロウのひらめきによって、「Think different.（人と違う発想を）」をキャッチフレーズに掲げ、アップルはふたたび広告キャンペーンで大成功を収めた。

さらにそのあとも、「ｉＰｏｄ」のコマーシャルで音楽を聴く人物のシルエットをカラフルな背景に浮かび上がらせて、忘れがたい印象を世間に焼きつけた。

広告業界では、たいてい、何もかもがあわただしく短命で入れ替わる。しかし、リー・クロウの言葉にもあったとおり、スティーブは並々ならぬ忠誠心を示す。いちどうまくいったら、その方法を簡単には変えない。シャイアット・デイは、ＴＢＷＡと合併し、いまではオムニコム・グループの傘下に入ったが、あいかわらずアップルの広告をまかされている。それどころか、プラヤデルレイという海辺の小さな町に、アップル向けの専任部署「メディア・アーツ・ラボ」を設立し、あらたな方向性を模索している。

消費者が本当に欲しがる製品と、確固たるブランドの力――この二つを適切に組み合わせることで、大きな効果が得られる。アップルはその典型例といえるだろう。すぐれたブランド戦略が、人々の心を揺さぶって、製品への興味を呼び覚ます。

12　直販ルートの開拓

一九九六年に復帰したスティーブは、みずからのキャリアを――と同時に、業績不振にあえいでいたアップルを――再出発させ、快進撃を始めた。築き上げたビジネスの経験を活かして、製品ラインナップを見直し、よぶんな事業分野をそぎ落として生き残りを図る一方、あらたな分野へ進出するために土台を固め始めた。それは、小売り業務だ。直接販売の計画に関して、当初、先見の明があると評価する向きは少なく、むしろ、無謀だとの声が多かった。

しかしスティーブは、アップルの顧客とじかにつながっていくべきだという構想を持っていた。小売り業務の経験はなく、運営に関して生きた知恵は何も持っていなかったが、中間業者を排除したいと考えたわけだ。復帰後わずか数週間のうちに、このきわめてリスクの大きなプロジェクトを開始した。

大手コンピュータ小売りチェーンなどの再販業者は、アップル製品の売上げのうち三十五から四十パーセントを分け前として取っていた。ピクサーを通じてディズニーにかかわったスティーブは、消費者に直接ものを売るというやりかたの威力を思い知るようになり、小売り業務に乗り出す意欲を燃やし始めた。

準備チームを結成し、まずは技術的な面に取り組んだ。一九九七年十一月――アップルの新しい最高責任者に就任してから一年とたたないうちに――アップルは、オンラインストアをオープンした。これほど短期間で新形態が整った大きな理由は、スティーブがアップルにもたらした「おみやげ」にある。ネクストで開発したウェブサーバー／アプリケーションフレームワーク技術「ＷｅｂＯｂｊｅｃｔｓ」が役立ったのだ。

このオンラインストアは、なんと最初の一カ月だけで千二百万ドルの注文を受けた。

状況分析

オンライン販売の好調は喜ばしかったものの、従来ながらの流通ルートのほうは、引き続き売上げがさえなかった。アップルのパソコン市場シェアはいっこうに伸びなかった。大手のコンピュータ小売りチェーン店は、アップル製品に必ずしもいい棚を割りあてようとしなかったし、魅力的な展示を工夫するわけでもなかった。そのうえ、チェーン店の場合、美しいスタイルをめざすセンスもなく、販売スタッフがすぐ辞めてしまう率も高い。購入する消費者の側も、たいがい、安く買うことを優先し、あまり特定のブランドにこだわったりしていなかった。一九八四年のＭａｃ登場時とよく似た状況だ。

そこでスティーブは、宅配便で消費者のもとへ直送するという方式をいっそう推進したわけだが、そもそも彼は、かなり以前から、アップルが独自の流通ルートで直接販売できれば、市場シェアを大幅に上げられるのではないか、と考えていた。アップルやＭａｃの中身は素晴らしいけれど、ふさわしいだけの市場を開拓できていないせいでシェアが上がらないのだ、との思いが強まるばかりだった。

ＡｐｐｌｅⅡのころは、製品に惚れ込んだ人々が買ってくれればじゅうぶんだった。発売からしばらく経ったＭａｃにも、一部に熱狂的なファンが生まれていた。しかし、大型店は、ごくありふれた大衆の好みに狙いを定めて商品を売り込む。だからスティーブは、何か新しい手を打って、できるかぎり事態を打開しようと決意した。彼ならではの、いわば「ｉリーダーシップ」を発揮すべき場面だった。

二〇〇七年、フォーチュン誌によるインタビューの中で、スティーブは動機を次のように説明している。「だんだん怖くなってきたんだ。……アップルはしだいに大手の小売り業者に頼りきりになっていた。そういう業者には、アップル製品をユニークなものと位置づけようとする情熱なんて、ほとんどない」。そこでこう結論した。「何か対策を打たないと、世界の地殻変動の力に押し流されてしまう。……新しいものを生み出すしかない」

小売りへの参入

顧客とじかに結びつくため、スティーブは大胆にも直営小売店を展開するという戦略に出た。楽な道のりでないのは、最初から承知の上だった。

直営店の開設に踏み切る少し前、アップルはまず、最大手のコンピュータ小売りチェーン、コンプUSAを通じて製品を販売しようと試みた。各店舗の売場の一部を仕切ってアップル製品コーナーを設けたのだが、まったくの失敗だった。同じ二〇〇一年、かつて直接販売で売上げを伸ばしたゲートウェイが、直営店舗の数を十パーセント減らし、二〇〇四年にはいったん完全な撤退にまで追い込まれた。実績のあるメーカーが挫折し始めたというのに、過去に経験のないアップルが小売店の経営に乗り出すとは、あまりにもタイミングが悪すぎるように思われた。

ライバル各社は、アップルがやみくもに突っ走ろうとしていると考えただろうが、スティーブが勝算もなしに飛び込むはずがない。人材を見いだすうまさにかけて、スティーブは誰もが見習うべきお手本だ。ハイテクとはあまり関係のない、けれども、世界的な小売り網をつくるのが同じくらい難しい業界に目をつけて、優秀な人材を引き抜いた。まずは、信頼の置ける知人たちにたずねて、推薦を求めた。その結果、ロン・ジョンソンという名前が浮上した。ハーバード大学でMBAの資格を取り、大手スーパーマーケットチェーン、ターゲットで商品化計画副社長を務める人物だった。手ごろな値段でデザインのいい商品を取りそろえる戦略を考案し、大成功していた。最初は、著名な建築家マイケル・グレイブズにデザインを依頼して美しいティーポットを発売、その後、商品ラインナップを広げて、ターゲットの主力プライベートブランドに育てあげた。

スティーブが人を口説き落とす才能に恵まれていることは、みなさんもうご存じだろう。スティーブの勧誘をことわるのは容易ではない。「砂糖水を売りながら残りの人生を過ごすつもりですか？　それとも、世界を変えるチャンスに賭けたいですか？」というあの有名なせりふに代表されるように、ほとんどことわりようのない誘い文句をひねり出す。

まもなく、ロン・ジョンソンはアップル入りして、商品化計画副社長に就任し、アップルの新しい小売り業務を計画する責任者となった。

スティーブによる人材勧誘は、衣料小売りチェーン、ギャップのCEOだったミッキー・ドレクスラーにまでおよんだ。一流中の一流とみなされている人物だ。もっとも、百五十億ドル企業のCEOという座を捨てさせてアップルの副社長に迎えるのは、さすがに無理だろうと、スティーブにもわかっていたにちがいない。だが、交渉を終えたスティーブはきっと笑みを浮かべたと思う。アップルの取締役に就くことを承諾させたからだ。これで、ドレクスラーの助言を活かしながら直営店の計画を推し進められるようになった。

またしてもスティーブは、効率よくみごとに人材スカウトをやってのけた。

店舗の「試作」

ロン・ジョンソンに与えられた課題は、顧客に直接販売できるように、アップル直営の小売り店チェーンをつくることだった。見本は探すまでもなく、アップル本社のすぐ裏手にあった。一九八四年、クパチーノのバンドリードライブにつくった、従業員向けのストアだ。アップル製品を魅力的に展示し、購入希望者には自由に試用させていた。ふつうの店の売り場とは違い、むしろ、実機に触れられるデモ会場といった雰囲気だった。

この基本的な性質が、新しい直営店にそっくり引き継がれることになった。つまり、消費者が製品を自由にいじれて、ついでに購入も可能。押しつけがましい売り込みは無し。スティーブは、自分が手がけた製品をあくまで自分流に売りたがった。

ギャップのミッキー・ドレクスラーの助言にしたがって、現実の店を設計する前に、倉庫内に架空の店舗を試作してみることになった。そうすれば、ミスを身内のあいだだけで確認できる。ミスは何かしら出てくるものだ。

最初の試作店舗に足を踏み入れたとたん、スティーブの心は沈んだ。製品を外形に応じて機械的に分けて展示してあった。アップルの従業員には便利だろうが、一般消費者は、買いたい物がどこに置いてあるのかわからない。そのあと数カ月かけて、いったん取り壊し、新しい試作店舗をつくった。

その一方、スティーブほかメンバーたちは、どこに出店するかで悩んだ。小売店をいとなんだ経験がある人なら、場所の重要性を痛感しているだろう。家を購入するときの心得と同じで、大切な点は一にも二にも場所決めだ。

第一号店は高級ショッピング街にオープンすることにした。簡単にいえば、ゲートウェイとは正反対の戦略だった。アップルはつねにライフスタイルに密着し、顧客と一体化しようとする。アップルストアの原則もまったく同じだ。心地よく買い物をしてもらい、アップルを核にした共同体のような意識を高め、広めていく。そしてカルト的な少数のファンを多数派に変えるのだ。

直営店のオープン

二〇〇一年五月十五日、スティーブから招待状を受けとった報道関係者たちが、バージニア州マクリーンのタイソンズコーナーセンターと呼ばれる一角にできたアップルストア一号店にやってきた。アップルとしては当面、やや意表を突いた場所に店を構える方針だった。あれだけ入念に設計し、計画したにもかかわらず、報道陣の反応はさえなかった。ふだんの新製品プレゼンテーションのときと同じような拍手喝采を期待していたのなら、スティーブはかなり落胆しただろう。店舗はL・L・ビーンの隣に位置していて、その近辺では異端の存在だった。一階、二階と店内を案内された報道陣は、さほど感心しないままだった。

そういう否定的な反応を伝え聞いたわたし自身、当初は期待していなかった。けれども、実際に初めて店へ入ったとたん、わたしは静かな興奮を覚えた。心配りの行き届いた設計で、歓迎の気持ちが伝わってくるし、探したい製品がどこにあるかすぐにわかる。動画編集、デジタル写真、音楽とコーナーに分かれ、端にはゲーム関連の棚が並んでいる。どのコーナーにもたっぷりと製品がそろっていて、自由に試して楽しむことができ、おせっかいな店員に購入をせかされる心配もない。店のスタッフも、相当なトレーニングを積んであるようすだった。あらゆる要素をじゅうぶんに検討してあるのが感じとれた。店を出るとき、これは「スティーブの店」と呼ぶべきだろうと思った。もちろん、いい意味で。スティーブはうまくやり遂げた、このぶんなら直営店の計画が失敗する恐れはまずないだろう、とわたしは感心した。

ＩＢＭも過去、ＩＢＭ ＰＣを販売する直営店チェーンを展開したことがある。アップルの何倍もの企業規模を誇り、人材も資金もふんだんに持っていたわりに、スティーブのような事前研究や人材雇用を怠ったらしい。

アップルストア一号店で新しい「ｉＭａｃ」や周辺機器などを買った人々は、帰り道、「アップルの株を少し買っておこう」あるいは「もう少し買い足しておこう」とさえ思ったのではないだろうか。

四日後、カリフォルニア州グレンデールにある高級ショッピング街、ガレリアの二号店とあわせて、アップルストアは一般顧客向けに正式オープンした。

ソフトウェアとハードウェアを開発する会社が小売り業務にまで手を広げることは、けっして正攻法とはいえない。ビジネス関連のマスメディアの多くは、アップルストアのオープンを「スティーブの愚行」と断じた。スティーブにしろアップルにしろ、小売りの経験などあるのか？　いや、皆無に等しい。一般的にみても、小売業への新規参入は失敗率が高い。まったく不慣れな人間が始めた商売となれば、なおさらだ。非凡な才能の持ち主スティーブも、今回ばかりは無茶をしすぎた……。そんな論調がほとんどだった。

ビジネスウィーク誌は、こんな見出しの記事を掲げた。「スティーブにはおあいにく、アップルストアが成功を見込めない理由」。文中では、一流の小売りコンサルタントが、この事業は二、三年で閉鎖せざるをえなくなるだろうと予測していた。中間業者を排除して消費者に直接販売するという間違った方針によって、アップルは多大な損失をこうむるにちがいない、と。

アップルストアを通じて、スティーブは直接販売の方向へ大きな一歩を踏み出した。似たような戦略は、いままでさまざまな製品メーカーが挑戦し、ほとんどが惨敗に終わっている。高い評価を受けてきたスティーブも、今回ばかりは敗北を味わうのだろうかと、多くの人々が固唾をのんで見守った。

小売り業界などの専門家たちの不吉な予言はまったく当たらず、一号店は初日だけで七千個の製品を売り上げた。しかも、これはまだ始まりにすぎない。

二〇一一年時点で、アップルストアは、中国を含む世界各地に三百店以上もできている。マンハッタンの五番街にある旗艦店は、二四時間年中無休で営業中だ。あちこちの店舗が各種のデザイン賞に輝いていることも、驚くにはあたらないだろう。

最初の何店かで方向性の正しさが証明されたため、その後も、アップルストアは交通の便のいい高級な商業地区につくられた。ただしスティーブは、このような場所選びの戦略に固執はしていない。ニューヨーク、ロンドン、パリ、ミュンヘン、東京、上海など、世界各国の一等地に旗艦店をオープンするかたわら、「ミニストア」と称する小さな店舗を、サンフランシスコのマーケットストリートなど、込み合った地区に開店し、Ｗｉｎｄｏｗｓユーザーをアップル製品に乗り換えさせようと試みている。「どうせいつもの通り道にあるから、ちょっと店の中をのぞいてみるか」という気にさせたいと狙っているわけだ。

完全に軌道に乗るまではある程度かかったものの、アップルストアは、小売り業界の歴史に残る大成功となった。二〇〇六年の統計によると、アップルストア全体の平均売上げは、一平方フィート（〇・〇二八坪）あたり年間四千ドルを超えている。代表的な家電量販店、ベストバイにくらべ、約四倍の数字だ。また、マンハッタンのアップルストアと同じ五番街沿いにある、ティファニーやサックス百貨店のような有名店と比較しても、商品の回転率ははるかに高い。新規オープン三年目にして、アップルストアの総売上げは年間十億ドルに達した。小売り業界史上、最速の記録だった。そのわずか二年後には、なんと、四半期ごとの売上げが十億ドルになった。いずれも、「iPhone」が発売される二〇〇七年よりまだ前の話だ。

アップルストアをつくった結果、アップルは、製品の初期設計から、製造、販売にいたるまで、すべてをコントロールできるようになった。つまりスティーブは、アップルを「ハイテク業界のディズニー」に変えたわけだ。実際、スティーブの意図はまさにそこにあった。

売り場の設計

スティーブの製品ではつねにデザインが最優先の課題だが、アップルストアに関しても同様だ。顧客は、なぜだかわからないうちに、アップルにかかわるほとんどすべてに魅了されていく。

ストアの建物についていえば、アップルの設計チームは、世界トップクラスの建築家たちと協力し合い、ダイナミックで先進的な外観やレイアウトを生み出している。部品供給業者その他契約先にしても、もともと一流といわれる会社までが、スティーブと仕事をするときはふだんよりさらに少し水準を上げる必要がある、と証言している。

もともとの従業員向けの店舗と同じく、アップルストアは、基本的には実機のデモが見られるショールームで、なんなら購入もできる、という雰囲気だ。買いたい商品が見つかったときも、たいがい、レジの前に並ぶ必要はない。スタッフ全員が携帯型のクレジットカードリーダーを持っていて、その場で支払いを済ませられる。

製品そのものから、買い物のしかた、修理の依頼や引き取りまで、アップルストアではすべてが、利用者に優しくできている。ターゲットから移籍したロン・ジョンソンの大きな功績は、「ジーニアスバー」を考案したことだろう。ネーミングまでが天才的《ジーニアス》だ。ジョンソンは、ちまたで調査をおこない、人生で最高のサービスを受けたと思うのはどんなときだったかたずねた。ほとんどみんなが、いいホテルに泊まった経験を挙げた。

ジョンソンの頭の中でアイデアが固まった。アップルストアに必要なのは、コンシェルジュ（ホテルの案内係）のようなサービスだ。アップル製品で何か困ったことにぶつかっている顧客を助けるスタッフを置かなくてはいけない。その困ったことが、たとえ機器の使いかたに関するあまりに基本的なばかばかしい質問であっても、親切に手を差しのべる必要がある。ただ、実際にジーニアスバーで交わされている会話をものの数分も聞いてみれば、そこで働くスタッフにとって、「ばかばかしい質問」と片付けられることなど存在しないのだとわかるだろう。

もしあなたが所有するアップル製品に不具合があれば、ジーニアスバーに持っていくといい。落としたとか、不適切な使いかたをしたとか、そういった事情がないかぎり、万が一修理できない場合は新品と交換してもらえる。

信じられないことに、自然故障した製品の修理や交換をしてもらったり、使用法を教えてもらったりするぶんには、料金はいっさいかからない。

ブランドの定着

二〇一〇年の時点で、アップル全体の従業員四万六千人のうち、半数以上が小売り業務にかかわっている。アップルストアで働く者は全員、トレーニングを受けて、アップルのブランドの土台は何かを理解し、アップルの価値を大切にする。どんな企業にとっても、販売スタッフとは、顧客に向ける「会社の顔」なのだ。

ネット上の求人ページで、アップルはこう強調している。「無料セミナーの進行役を務めているとき、一対一のトレーニングを担当しているとき、ジーニアスバーで高度な技術的アドバイスをしているとき——どんな場面でも、あなたはきっと気づくはずです。そんなふうにできるのかと驚いたお客様が、うれしそうに顔を輝かせることを……。あなたもいずれ慣れるでしょうが、けっして飽きたりはしません」

人材募集時にこんなふうに堂々と言える企業が、アメリカじゅう、いや世界じゅうで、いったいいくつあるだろうか。

そう考えると、販売の現場にいるスタッフの態度が、顧客の抱く企業イメージにどれほど大きな影響を与えるか、あらためて痛感せずにはいられない。

製品ラインナップの改革

従来の大手家電メーカー――たとえばゼネラル・エレクトリック――は、数百種類、あるいは数千種類の製品を開発した。それにくらべて、アップルの製品は二十種類にも満たない。三百億ドル企業にしては、信じられないほど数が少ない（面白いことに、販売する製品の数が少ないばかりか、新モデルが出るたびに、ほとんどの製品はサイズのほうもどんどん小さくなっていく）。

数を絞り込んで、その代わり、見たとたんに欲しくなるような特徴的な製品をそろえる。それがアップルの成功の鍵だとスティーブは考えている。その昔、Ｍａｃの熱狂的ファンに支えられていたころと比較すると、アップルの顧客層は大幅に広がった。いまやほとんど誰もがアップル製品を欲しがっている。

顧客に直接販売する新しいルートを確立し、ベストバイやフライズ・エレクトロニクスのような大手小売業者を避けたスティーブは、ひとことでいえば、コンピュータ、ＭＰ３プレーヤー、携帯電話の小売りのやりかたを全面的に一新したわけだ。この戦略は今後、コンピュータ業界をきわめて激しい競争に巻き込んでいくだろう。また、ほかのあらゆる業界も、小売りについての考えを見直すようになってきた。

こうしてスティーブは、完璧な直接販売の方法を生み出し、専門家の予想を覆して、成功を収めている。実店舗のほか、オンライン上でも、ｉＴｕｎｅｓを通じた楽曲配信に加え、アップルストアでのコンピュータ販売が好調だ。「究極の一般消費者」であるスティーブが究極の買い物体験を実現したことは、わたしにいわせれば、当然の結果だったと思う。

さらに、スティーブの小売り戦略は、「トロイの木馬」のような効果を秘めている。現行のアップル製品はＷｉｎｄｏｗｓとの互換性にも配慮しているからだ。おかげでｉＰｈｏｎｅでマイクロソフトＥｘｃｈａｎｇｅサーバーを使っている人々は、次のパソコンを買うとき、Ｍａｃを選ぶ可能性がじゅうぶんにある。

また、アメリカであれば、アップルストアでｉＰｈｏｎｅを新規購入または機種変更して、その場で電話サービスの申し込みまで済ませられる。ＡＴ＆Ｔのショップへ行って手続きをする必要はない。他社の製品だと、こう簡単にはいかない。ＡＴ＆Ｔでさえ、ほかの携帯電話についてこのようなサービスはおこなっていない。アップルストアは一カ所で全部まかなうことができ、便利さのお手本といえる。

スティーブは、製品ラインナップの開発と同じくらい、製品の販売にもみごとな手腕を発揮し、アップルというブランドをコントロールしている。これ以上ないブランドの総合管理だ。

昨今、アメリカの小売り業界では、サーキット・シティー、シャーパーイメージ、マービンズ、ゲートウェイほか、有名な量販店や百貨店などが相次いで破綻している。そんななかで、新規参入の小売り店チェーンが大成功を収めることは、驚異に近い。ふさわしい基盤をつくって顧客に直接販売するという試みは、実業界でもきわめて難度が高い。スティーブはその離れ業をやってのけた。製品を完全にコントロールすべきという彼の決意が、小売り戦略の成功を呼び込んでいる。

13　「そういうアプリ、あります」

何百万人もが「いますぐ欲しい」と感じ、まだ持っていない人々は、いち早く手に入れた者たちをうらやましがる――そんな製品をつくることこそ、ビジネスの醍醐味だ。

また、そういう製品を構想してつくり出せたら、最高に素晴らしい。

おまけに、そのような極上の製品を次々に生み出し、しかもばらばらではなく、すべてを一つの構想のもとに統合できていれば、完璧という以外ない。

すべてを統合するテーマの模索

二〇〇一年、スティーブは、マックワールド展示会で基調講演をおこなった。会場となったサンフランシスコのモスコーンセンターに数千人の聴衆が詰めかけたほか、ネット配信を通じて無数の人々が耳を澄ませていた。

スティーブが明かした将来展望を聞いて、わたしは度肝を抜かれた。アップルの開発計画を五年ほど先まで網羅するような内容だったのだが、その行き着く先がわたしには読めたからだ。利用者が音楽や動画を意のままに扱えるようになるだろう、と。聴衆の大半は、世界の今後を見通して立てた鋭い戦略というふうに受けとっていた。けれどもわたしには、二十年前、ゼロックス・パロアルト研究所を見学したあとでスティーブが明かした構想を、そのまま大きく膨らませていると感じられた。

ちょうどこのころ、パソコン業界は低迷期だった。業界全体が崖っぷちへ向かっているとの悲観的な声もあった。MP3プレーヤー、デジタルカメラ、PDA、DVDプレーヤーなどのデジタル機器が飛ぶように売れる一方で、パソコンは時代遅れになり始めているのではないか。そんな不安が業界を覆い、マスメディアも同様のことを書きたてていた。しかし、デルやゲートウェイがあきらめ模様だったのに対し、スティーブはくじけなかった。

基調講演の冒頭で、彼はハイテク業界の歴史を短く振り返った。まず、パソコンの最初の黄金期だった一九八〇年代を「生産性の時代」と命名した。九〇年代は「インターネットの時代」。そのうえで、二十一世紀に入ってのこれから十年は「デジタル・ライフスタイルの時代」になるだろうと予言した。デジタル機器の爆発的な普及が、新時代を呼び起こす。カメラ、DVDプレーヤー……そして携帯電話。もちろん、中心的な役割を果たすのはMacだ。ほかのすべての機器を制御し、連動性を持たせ、付加価値を与える。これを彼は「デジタル・ハブ（中枢）」と呼んだ（基調講演のこの部分は、YouTubeで「Steve Jobs introduces the Digital Hub strategy」と検索すれば視聴できるはずだ）。

複雑なアプリケーションを動かす能力はパソコンにしかない。スティーブはそう気づいていた。パソコンなら大きな画面を活用できるし、圧倒的に大容量の安いデータ記憶装置を組み合わせられる。ただ、アップルが具体的に何をやるつもりなのかは明言しなかった。

ほかの企業も、同じ展望の上に立って進むことができるはずだった。なのに、ライバルのどの一社も足を踏み出さず、アップルが何年分ものリードを広げた。Ｍａｃを「デジタル・ハブ」、つまり、大きな一つの細胞の核にし、コンピュータならではの強力さによって、テレビから電話まで幅広い機器を統合し、日常生活にごく自然に溶け込ませる。

「デジタル・ライフスタイル」という用語を使ったのはスティーブだけではない。ほぼ同時期、ビル・ゲイツも、デジタル・ライフスタイルについて語った。しかし、その未来はどこへ向かっているのか、マイクロソフトはどう対応するのか、考えをとくに述べなかった。

頭の中に思い浮かべられるものなら、実際につくれるはずだ。スティーブはそう固く信じている。デジタル・ハブ構想を軸にしながら、このあとアップルを動かしていく。

二足のわらじ

二つのチームのキャプテンを同時に務めることなど可能だろうか？　二〇〇六年、ピクサーはウォルト・ディズニーに吸収合併された。スティーブはディズニーの取締役になり、買収額七十六億ドルの半分を、ほとんどはディズニーの株式のかたちで受けとって、筆頭株主になった。

ここでもまた、スティーブは、不可能を可能にしてみせた。彼はアップルにあれだけ身を捧げているから、ディズニーではほとんど目立たない存在になるだろう、というのが大方の予想だった。ところが違った。アップル社内で驚くべき新製品を内密に準備するかたわら、まるでクリスマスの朝、プレゼントの包みを開く子供のように、喜びいさんでディズニーとアップルの連携プロジェクトを練り始めた。ディズニーの取締役に就任してまもなく、ビジネスウィーク誌にこう語った。「いろんな事柄を話し合っているところだ。今後五年間にわたって胸おどる世界が開けていくと思う」

あらたな方向性――高くついても、ときには必要

デジタル・ハブの実現に向けて計画を練っているころ、スティーブは、ＰＤＡを操作する人々

にしょっちゅう出くわすようになった。一つのポケットに携帯電話を、別のポケットにＰＤＡを入れている人も珍しくなかった（さらにはｉＰｏｄも持ち運んでいたりした）。それでいて、ほとんどどの製品も、デザインがあまりにひどい。しかも、使いこなすには、地元の大学の夜間コースにでもかよわなければ不可能なほどだった。ごく基本的な、どうしても必要な機能だけあやつるのが精いっぱいで、ほとんどみんな、それ以上はあきらめていた。

スティーブも、最初はまだ具体的なアイデアが浮かんでいなかっただろう。Ｍａｃのパワーを活かしてデジタル・ハブの役割を持たせるまでは決まったものの、どうやって携帯電話の機能向上に結びつけ、デジタル・ライフスタイルを推進していくべきか。ただ、人と人とのつながりが重要な鍵であることは間違いなかった。出発点にすべき素材は、目の前に、いたるところに存在し、画期的な進化を遂げたがっていた。市場は巨大、世界規模で無限の可能性を秘めている。スティーブが非常に好むやりかたの一つは、既存の製品分野へ飛び込んで、まったく斬新な新製品を投入し、他社をまとめて打ち負かしてしまうことだ。スティーブはこの場面でまさしくそういう行動に出る。

都合のいいことに、携帯電話という製品分野には、革新を引き起こす条件が整っていたのだ。誕生したてのころとくらべれば、たしかに、もうだいぶ改良がおこなわれていた。エルビス・プレスリーはごく初期の携帯電話をブリーフケースに入れて持っていたそうだが、あまりにも重く、そのブリーフケースを運ぶためだけに付き人をひとり雇っていたという。そのあと小型化が進んで、靴くらいの大きさに収まり、だいぶましにはなったものの、両手で支えて耳に当てなければいけなかった。やがてポケットサイズになって、ようやく、猛烈な勢いで普及し始めた。

端末メーカーは、いっそう高性能なメモリチップ、高感度のアンテナなどを意欲的に採用し、ハードウェアとしての完成度を高めていったが、各社とも、ユーザーインタフェースの開発にはつまずいたままだった。なにしろ、本体に操作ボタンを付けすぎ、そのくせ機能をちっとも明記していなかったりした。どう活用すればいいのやら誰にも理解できないような機能が、ただ大量に詰め込まれていた。

つくりも不細工だった。もっとも、スティーブにとってはありがたい。不細工とはすなわち、改良の余地があることを意味するからだ。ある種の製品にみんなが手を焼いているとなれば、スティーブのような人間にはチャンスといえる。

判断ミスを挽回する

携帯電話を開発すると決めるまでは簡単でも、プロジェクトの策定は容易ではなかった。PDAの草分け的存在だったパームが、いち早く「Treo《トレオ》600」という気の利いた製品を発売ずみだった。「BlackBerry」のようなキーボード付き小型機器に電話機能を組み込んだ製品で、新しもの好きの人々がいっせいに飛びついていた。

　発売をあせるあまり、開発時間を短く抑えようとして、スティーブは最初、大きな判断ミスを犯した。それなりにやむをえない事情があったとはいえ、彼本来のおきてを破り、前に述べた「ホールプロダクト理論」をないがしろにしてしまったのだ。プロジェクトのあらゆる面をコントロールしようとせず、携帯電話市場にはびこっている慣習にならってしまった。すなわち、アップルはｉＴｕｎｅｓストアから音楽をダウンロードするためのソフトウェアを開発するにとどまって、ハードウェアとオペレーティングシステムの開発はモトローラにまかせた。

　このごたまぜ状態から生まれた製品「ＲＯＫＲ《ロッカー》」は、早い話、携帯電話と音楽プレーヤーを合体させた代物だった。スティーブは不満を押し隠しつつ、二〇〇五年「ｉＰｏｄ Ｓｈｕｆｆｌｅ搭載の携帯電話」と銘打って、このＲＯＫＲを発表した。しかし内心、すでに結果は読めていた。ＲＯＫＲに未来はなく、熱心なスティーブ信者でさえ「明らかな失敗作」とみなすだろう、と。ワイアード誌は、表紙にでかでかと「まさかこんなものが未来の電話？」との見出しを掲げ、こんなふうに皮肉った。「デザインはこう叫んでいる。『社内部会が僕をつくったんだよ！』

　しかも、そのデザインがまったくさえなかった。美しいデザインにとことんこだわる男としては、屈辱的な製品だったにちがいない。

　けれども、スティーブは、名誉挽回の切り札を隠し持っていた。ＲＯＫＲがろくでもない仕上がりになると察知した彼は、その発表の数カ月前に、ルビー、ジョナサン、アビーという信頼の置ける三人を集め、あらたな任務を申し渡していた。「まったくのゼロから、新しい携帯電話を設計してくれ」

その一方、スティーブ自身は、製品を支えるもう半分について検討し始めた。つまり、提携先の通信会社を選ぶ作業だ。

主導権を握りたければ、ルールを改正せよ

すでに確固たるルールができあがっている業界で、ルールの改正を認めてもらうにはどうすればいいのだろうか？

携帯電話業界では、ごく初期から一貫して、通信会社が支配権を握っていた。大量の人々が携帯電話を購入するようになり、通信会社へ流れ込む月々の利益は膨大で、しかも増え続ける一方だったから、どうしても通信会社が上に立つかたちになった。通信会社は、端末メーカーから携帯電話本体を仕入れ、割安価格で提供する代わりに二年契約を結ばせるなどして、利用者を囲い込んでいた。当時のアメリカ国内でいえば、代表的な会社は、ネクステル、スプリント、シンギュラーなど。あとあと分刻みの通話料でたっぷり儲けられるから、携帯電話本体の代金を一部、肩代わりしてもかまわない。この仕組みのせいで、携帯電話業界の権力は、つねに通信会社が握

っていた。携帯電話本体にどんな機能を付け、どんな操作方法にするかも、通信会社が端末メーカーに指示を出していたわけだ。

ところがそこへ、旧来の慣習などものともしない男、スティーブが現れた。さまざまな通信会社の幹部と、対等の立場で話し合いに取りかかった。スティーブとの交渉にのぞむ場合、ときには、ひどく忍耐力が必要になる。あなたの会社、あるいは業界が、どれほど間違っているか、スティーブの厳しい指摘をさんざん聞かされるはめになるからだ。

通信各社のトップ幹部たちに対し、スティーブが説いてまわった内容は、簡潔にまとめるとこうなる。あなたがたは、一般消費者向けの製品を売っているくせに、消費者が音楽やコンピュータや娯楽とどう付き合っているのかを何一つ知らない。その点、アップルは違う。深く理解している。そこで、これからあなたがたの市場へ参入するが、新しいルールにのっとってやらせてもらう……。つまり、スティーブのルールだ。

ほとんどの幹部は興味を示さなかった。たとえ相手がスティーブ・ジョブズだろうと、自分たちの優位を明け渡す気などなかったのだ。一社、また一社と、交渉の打ち切りを通告してきた。

二〇〇四年のクリスマスシーズンに入っても——とはいえ、ROKR発表のまだ数カ月前だが——スティーブの条件をのんで契約してくれる通信会社は見つからなかった。翌年の二月、スティーブはニューヨークへ飛び、マンハッタンのとあるホテルのスイートルームで、シンギュラー（のちにAT&Tに吸収合併される）の幹部たちと会談した。彼は完全に自分のペースで話を進めて、こう宣言した。アップルが出す携帯電話は他社のものとは比較にならない先進性を備えている。もしこちらの希望どおりの契約を結べないなら、アップルはあなたがたの敵に回ることになる。通信時間をまとめて買い取って、利用者に直接、通信プロバイダサービスを提供する。一部の小さな会社がすでに使っている手だ。

ちなみに、スティーブは、交渉の際、パソコンによるプレゼンテーションや分厚い配布資料のたぐいは用意しない。それどころか、メモさえ持たない。すべての事実関係を頭の中に入れておく。新製品の発表会のときもそうだが、自分がしゃべる言葉に、聞き手みんなの注意を集中させることで、説得力を増している。

シンギュラーが話に食いついた。携帯電話本体のメーカー――すなわちスティーブ――が主導権を握り、契約の詳細を決めてかまわない、という条件に応じてくれた。アップルの携帯電話がよほどヒットして、膨大な数の新規顧客が毎月の通話料を積み重ねてくれないかぎり、シンギュラーには何の得もないといえそうなほどの契約内容だった（やがてふたを開けてみれば、アップルの携帯電話は大ヒットし、新しい利用者が大量に増えて、シンギュラーには月々、巨額の通信使用料が流れ込むのだが……）。どう考えても、非常に危険な賭けだった。しかし、今回もまた、スティーブの自信と説得力が勝利した。

初代Ｍａｃをつくる際には、開発チームを社内のほかの人々から隔離して、雑音や邪魔が入らないようにした。それがうまくいった経験を踏まえ、スティーブは、以後も、重要な製品では同じやりかたをとっている。

iPhoneの開発時もそうだった。設計や技術について事前にライバル他社へいっさい情報が漏れないよう、用心に用心を重ねる必要があった。そこでスティーブは、いつにもまして極端な「隔離」をおこなった。iPhoneのなんらかの側面にかかわるチームすべてに対し、ほかのチームとの接触を禁じたのだ。

やりすぎではないか、悪影響が出るのではないか、と思うかもしれないが、スティーブはこの方針を貫いた。アンテナの開発をおこなっているチームは、本体の操作ボタンがどうなっているのか知らない。画面やケースの素材に取り組んでいるチームは、ソフトウェア、ユーザーインタフェース、画面アイコンなどについて、詳細をいっさい知ることができない。どのスタッフも同様だ。自分がつくっている部分に関して必要な情報しか把握していなかった。

二〇〇五年のクリスマスシーズンごろ、iPhoneの開発チームメンバーは、人生最大の難題にぶつかっていた。まだ完成にはほど遠いのに、スティーブが発表日を決定ずみで、その日まであと四カ月しかないのだった。誰もかれも、疲れたどころではなく、ひどいストレスに苦しみ、つい怒りっぽくなって、廊下にしじゅう怒声が飛び交っていた。とうとう重圧が限界に達すると、いったん帰宅して睡眠をとり、また数時間後、ふらつく足取りで戻ってきて、仕事の続きに取りかかる。

さらに期限が迫ったとき、スティーブの呼びかけにより、本格的な社内デモがおこなわれた。悲惨な結果だった。試作機はまともに使いものにならなかった。通話が途中で切れ、バッテリの充電も正常ではなく、アプリケーションはバグだらけで未完成品だった。けれども、スティーブの反応は落ち着いていた。チームメンバーは激怒する彼にもう慣れっこだったが、今回にかぎって、腹を立てたようすがなかった。しかし、スティーブの期待に添えず、落胆させてしまったことを、メンバーは身に染みてわかっていた。叱られなかったけれど、ひどく叱られても当然な状態だと思いながら、持ち場へ戻った。怒りをあらわにされなかったぶん、かえって重荷に感じられるほどだった。やるべきことは重々承知だった。

数週間後、マックワールド展示会でのｉＰｈｏｎｅ発表がいよいよ目前になって、「アップルがとっておきの新製品を出すらしい」との憶測が、ブログやウェブサイトを駆けめぐり始めた。スティーブはラスベガスへ出向いて、ＡＴ＆Ｔワイヤレスの幹部の前で試作機を披露した。シンギュラーが吸収合併されたため、ｉＰｈｏｎｅの提携先は通信最大手のＡＴ＆Ｔに変わったのだ。

奇跡というべきか、スティーブは、ｉＰｈｏｎｅの美しくしゃれた動作をなんら問題なくデモすることができた。きらきらと輝くスクリーン、魅力的なアプリケーションの数々。かねての公約どおり、ただの携帯電話をはるかに超える製品に仕上がっていた。手のひらに収まるコンピュータ、と呼んだほうが近い。スティーブがのちに語ったところによると、AT&Tの上級幹部、ラルフ・デラ・ベガは「いままで見たことのない最高の機器」と感想を漏らしたらしい。

スティーブが強引に押しつけた契約の内容に、AT&T側は不安を感じずにいられなかった。たとえば、数百万ドルを投じて「ビジュアルボイスメール」という留守番電話機能を開発するはめになった。また、これまたスティーブの要求により、サービスの開通や機種の切り替えの際に利用者がいちいち面倒な手続きをしなくて済むように、全面的にシステムを改良しなければいけなかった。黒字の見通しは小さくなるばかりだった。新規利用者がiPhoneの二年間契約を申し込むたび、AT&Tは二百ドル以上の支出をしいられる。さらに、ユーザーひとりあたり毎月十ドルをアップルに支払う約束だった。

業界の慣例では、携帯電話の本体には製造メーカーの社名と通信会社の社名を併記するのがふつうだった。しかし、かつて「LaserWriter」の件でキヤノンと揉めたとおり、スティーブは併記を好まなかった。iPhoneのデザインにはAT&Tのロゴが入っていない。携帯電話の分野では圧倒的な力を持つ企業だけに、この条件にはなかなか首を縦に振らなかったが、キヤノンと同様、最後は妥協した。

ただその代わり、スティーブはiPhoneを二〇一〇年末まで五年間、AT&Tの独占販売にすると認めたのだから、必ずしも一方的な要求というわけではない。

とはいうものの、もしiPhoneが失敗に終われば、幹部たちが首を切られることは避けられなかっただろう。へたをするとAT&Tは巨額な損失を出して、投資家に苦しい釈明をしなければいけなくなったはずだ。

iPhoneに関して、スティーブは、外部からの部品調達をいままで以上に積極的におこなって、新技術をすばやく採り入れた。しかも、iPhoneの製造を請け負った企業は、単純に計算したコストよりさらに安い金額で引き受けたという。大ヒットにより量産効果が生まれてコストが下がり、じゅうぶんに利益が出ると予測したからだ。この企業もまた、スティーブのプロジェクトは成功するだろうと踏んで、賭けに出たことになる。結果としては、楽観的な期待を大幅に上回る儲けが得られたはずだ。

二〇〇七年一月初め、iPodの発表からおよそ六年後。同じくサンフランシスコのモスコーンセンターに集まった聴衆は、大音量で流れるジェームス・ブラウンの「アイ・フィール・グッド」を聞きながら待った。やがてスティーブが壇上に姿を現し、歓声と拍手に包まれるなか、口を開いた。「きょう、われわれは、みなさんとともに歴史を刻みたいと思います」

こうしてiPhoneが世に送り出された。

いつものように細部の細部まで神経をとがらせるスティーブの指揮のもと、ルビーやアビーをはじめとする開発チームは、おそらく歴史上最も待ちわびられた伝説的な製品を完成した。発売後三カ月でｉＰｈｏｎｅはおよそ百五十万台売れた。通話が途切れる、電波が入らない、といった苦情も多かったが、おかまいなしに売れ続けた（これもまた、原因はＡＴ＆Ｔの無線ネットワークが不十分だったことにある）。

二〇一〇年なかばを迎えるまでに、ｉＰｈｏｎｅの販売台数は五千万台を突破した。

マックワールド展示会の舞台から降りたスティーブは、早くも、次の大きな発表を思い描いていた。アップルの次なる偉大な製品だ。胸の中で燃え上がる構想は、人々の意表をつくものだった。すなわち、タブレットＰＣ。タブレットのアイデアを初めて耳にしたとき、スティーブは即座に、ぜひつくるべきだと考えた。

意外な話だが、じつをいうと、「ｉＰａｄ」のアイデアはｉＰｈｏｎｅより先に生まれ、何年も開発が進められていた。が、必要な技術がまだ出そろっていなかった。たとえば、大きめの携帯機器に長時間給電できるようなバッテリが存在しなかった。マイクロプロセッサの処理能力にしても、インターネットを検索したり、動画を再生したりするには不十分だった。

スティーブと親しく、彼を心から尊敬しているある人物は、こう語る。「アップルやスティーブの素晴らしいところは、技術が整うまで、製品を出そうとしないことです。その点には、本当に敬意を払うべきだと思います」

いざ機が熟したとき、これからつくる製品はただのタブレット型コンピュータにはならないだろうと、関係者全員が感じた。ｉＰｈｏｎｅの機能をすべて備えるばかりか、それ以上の可能性を持つ。アップルはふたたび、新しい製品カテゴリーを生むことになる。「アプリケーションを追加購入できる、携帯型のメディアセンター」というわけだ。

しかし正直なところ、スティーブは当初、ｉＰａｄの未来を明確には思い浮かべられずにいたようだ。シャイアット・デイの広告担当チームと向き合い、ｉＰａｄを市場にどう提示するかを考える段になったとき、スティーブは言った。この製品が、またも世間を旋風に巻き込むことは確実だ。あらたな必需品になるだろう。ただ、どうやって価値を伝えればいいか、見当がつかない、と。

ある内部筋はこんなふうに述べている。「ｉＰａｄが成功まちがいなしだとは思っていませんでした。いや、ｉＰｏｄだってそうです。これほど大人気になるとは想像できませんでした。わかっていたのは、どちらも素晴らしい製品であり、自分自身も一台欲しいということだけです」

彼はさらに、これらの製品が今後どう進化していくかは誰にもわからない、と付け加えた。「十年後には、あらゆる人々がモバイル機器を使うようになるでしょう。コンピュータはもう利用しなくなっているかもしれません」

共存共栄

航空機、乗用車、トラクターなどを手がける製造会社が成功するとしたら、部品を供給するさまざまな納入業者もみごとな腕前を発揮しているはずだ。どんな製品にも同じ理屈があてはまる。たいがい、なにかしらの部品や材料をよそから仕入れているにちがいない。

最高の品質を誇る製品をつくり、市場のリーダーになるためには、最高レベルの下支えが必要なのだ。スティーブの場合、ｉＰｈｏｎｅ向けアプリケーションの開発業者が支えといえるだろうが、その数は十万をはるかに超えている。もちろんｉＰｈｏｎｅ用のアプリのうち、おそらく八十ないし九十パーセントは、ごく一部の利用者の興味をひくにすぎない。あわただしい変化の中に埋もれて、ほとんど注目されずに終わってしまう。けれども、とにかく数の多さがすさまじい。本書執筆の時点で、アップルストアに登録される新しいアプリは、一日あたり三百にものぼる。審査前の段階では、じつに二十万以上だ。しかも驚くべきことに――みなさんもご承知かもしれないが――アプリの大半は、ごく小さな新進会社や個人がつくっている。もしｉＰｈｏｎｅが登場しなかったら、自分がアプリを販売するなど思いも寄らなかったような人々だ。

たった三年のうちに、ｉＰｈｏｎｅアプリの市場は三十億ドル規模に成長した。驚異的というほかない。

もちろん、従来はＷｉｎｄｏｗｓソフトが専門だった会社も、ｉＰｈｏｎｅアプリの開発に乗り出している。

ｉＰｈｏｎｅ向けのアプリをつくるのに、高度な知識はいらない。コンピュータ科学の修士号など必要ない。マイクロソフトが支配的だった時期には、れっきとした開発業者だけが、ライセンス契約を結んだうえでアプリをつくったりしていた。ところが、アップルは、簡単にプログラミングができるツールを提供し、コンピュータ恐怖症の人でないかぎり、ほとんど誰でもｉＰｈｏｎｅアプリをつくれるようにした。

わたし自身も、ふとしたきっかけから、ｉＰｈｏｎｅアプリの開発に夢中になった。じつは、友人のひとりが、発作の持病があるため、緊急連絡ボタンのサービスに申し込んでいた。けれどもこのサービスは、料金がひどく高いうえ、ごくかぎられた状況下でしか役に立たない。発作時に自宅にいて、かつ、どうにか装置のボタンまでたどり着くことができなければ、なんの意味もないのだった。それを知ったわたしは、ｉＰｈｏｎｅアプリで似た機能を実現できないかと考えた。ｉＰｈｏｎｅなら、つねに携帯していられる。

ちょうどそのころ、起業家精神をテーマにしたわたしの講演会で、参加者のある大学生がアイデアを打診してきた。ｉＰｈｏｎｅで緊急連絡ができるアプリをつくったので、見てくれないか、というのだ。わたしたちは意気投合した。

完成したｉＰｈｏｎｅアプリ「ｖＳＯＳ」は、非常時に起動するだけで、９１１、顧客窓口、かかりつけの医者、家族など、指定した先へSOSメッセージを送ることができる（日本国内のApp Storeでは未登録）。GPSを利用して、あなたの居場所を正確に知らせられる。さらに、あなたのいまの状況を静止画や動画で伝えることも可能だ。自動車事故に巻き込まれたときや、火事で室内に閉じ込められたときなどに、重大な役割を果たすだろう。お年寄りや、からだの不自由な人も、緊急連絡サービスに毎月三十ないし四十ドル払う必要はなく、ほんのわずかな金額で安心を買える。

最近はこんなふうに、二十歳そこそこの若者、いやもっと子供でも、アプリケーション開発者になれるわけだ。

流行語で有名になる

歴史的な名言をはいた人物は、それだけでもう、のちのちまで名前を語り継がれる資格があるのではないか。かなり若いころから、わたしはそう思っている。せりふやフレーズが引用句辞典に収録されたり、一般の辞書に新語として載ったりすれば、後世まで名が残る。たとえば、ジョーゼフ・ヘラーの小説のタイトル『キャッチ=22』は、不条理な状態をあらわす言葉として、もはや英語ではごくふつうの表現になっている。

スティーブの場合、あえて狙ったわけではないひとことが名言になった。iPhoneの発売が近づき、たくさんの開発業者からアプリの申請が殺到していたころ、社内チームメンバーとの会話でスティーブはたびたび「そういうアプリなら、もうある（There's an app for that.）」と言った。まもなく、このフレーズがチーム全体の流行語になり、さらにはiPhoneの広告のキャッチフレーズにまで使用された。そしてついに――権威ある引用句辞典『The Yale Book of Quotations』に、二〇〇九年の名言ベスト10の一つとして掲載された。

一方、iPhoneも、あっというまに最先端技術の象徴となった。多くの他社の広告にiPhoneを持った人物が登場し、まるで「見てくれ！　おれたち、イケてるだろ？」といわんばかりだった。おかげでiPhoneの売上げはますます伸びた。

二〇一〇会計年度のアップルの決算報告は、ウォール街の専門家筋さえも仰天させた。iPhoneとiPadの人気が追い風になって、純売上高がなんと五十パーセントも急増した。アジア太平洋地域では百六十パーセントもの成長だった。

中国でiPhoneが大人気になった結果、なんとも風変わりな非合法の取引も生まれている。毎朝、マンハッタンのアップルストアの前に、開店待ちの列ができるのだ。列の長さが一区画に達する日もある。無言の中国人が、気づかわしげなようすで列をなし、開店と同時に、iPhoneを定価で購入する。携帯電話サービスは申し込まない。なにしろ、自分で使うつもりなどないからだ。すぐに仲介業者に売り払ってしまう。業者は、仕入れたiPhoneを箱に詰めて、中国本土へ送る。中国の国内ではiPhoneを持つことが貴重なステータスシンボルになっていて、一台およそ千ドルで売れる。このことからも、iPhoneがいかにしゃれていて、時代の最先端を象徴しているかがよくわかる。

スティーブを道徳家、モラルの提唱者というふうにほめる人はほとんどいない。だからこそ、CBSのテレビニュースで報じられたスティーブとライアン・テイト（ウェブライター、編集者）のメールのやりとりを見て、わたしはうれしかったし、興味をひかれた。

テイトはスティーブにこんなメールを送ったという。「もしボブ・ディランがいま二十歳だったら、あなたの会社をどう思うでしょう？　iPadは『革命』とかけ離れていると感じるのでは？　だって革命は自由を実現するものですよね？」

いつも驚くのだが、スティーブはつねに忙しい身でありながら、時間のあいまをぬって、見知らぬ相手からのメールにときどき返事を書く。テイトへの返信はこうだった。「そうだよ、きみの個人情報を盗もうとするプログラムからの自由。きみのバッテリを無駄づかいするプログラムからの自由。ポルノからの自由。そう、自由だ。時代は変わりつつある。頭の堅いパソコン業界人の中には、世界が自分からずれていくと感じる連中もいる。実際、そのとおり」

やりとりがしばらく続いたあと、スティーブはどうやら議論を打ち切りたくなったらしい。テイトが「誤情報にまどわされている」と非難したうえで、こう締めくくった。「マイクロソフトには、自分たちのプラットフォームにいくらでも好き勝手な規則をもうける権利があった（いまもある）。気に入らないなら、ほかのプラットフォーム向けのアプリケーションを書けばいいわけだ。それを実行した者もいる。アップルに関していえば、われわれが理想として思い描くユーザー体験を実現する（そして保護する）ために全力を尽くしている。きみが気に入らないならそれで結構だが、アップルの動機はあくまで純粋だ」

コンテンツが最重要

つねに新しく生まれ変わり続ける人間もいる。スティーブはそのひとりだとわたしは前々から思っているが、もちろん、軸がぶれるという意味ではない。スティーブ自身はあまり変わっていない。ただ、将来構想が、時代につれて新しくなっていく。

万人のためのコンピュータをめざしてＭａｃを誕生させたのが、第一世代のスティーブ。ｉＰｈｏｎｅやｉＰａｄより前はいつも、想像上のアイデアを現実のかたちにしようとして製品を生み出してきた。

今日のスティーブの構想はといえば、コンテンツ（情報の中身）に焦点を当てている。

アップルのライバル各社は、ｉＰａｄをタブレット製品としてしか見ていない。だから、こぞってタブレットをつくり始めている。本質がわかっていないのだ。

業界を分析する人々や、ほかの会社の人々の目には、ｉＰａｄがタブレットだと映っているのかもしれない。しかし、スティーブの構想の中では、ｉＰａｄは情報を媒介する装置、コンテンツを利用者へ届けるための土台だ。と同時に、ｉＰｈｏｎｅ、すなわちアプリを実行する環境の延長でもある。大半のアプリは、ｉＰａｄ上で動かしたほうが、コンテンツを扱いやすい。

グーグルは、広告から利益を上げ、携帯電話アプリケーションを通じて収入を増やしているが、コンテンツの流通はよそにまかせて、自分たちは媒体に徹しようとしている。対照的に、スティーブは、ピクサーやディズニーでの経験を通じて、最も重要なのはコンテンツのほうだと見抜いた。昨今はどこを見回しても、ｉＰｏｄで音楽を聴いたり、ｉＰａｄで映画を観たりする人たちであふれている。そのお楽しみの見返りとして、アップルに代金を払っているわけだ。

スティーブは、コンテンツが君臨する世界をいち早く予測した。アップルは今後ますます、コンテンツを送り届けるための機器を生み出していくだろう。

いままでと同じように、スティーブはすでに未来を見通して、その未来を自分のものにしようと努力しつつある。

英語には、「もし辞書で○○を調べたら、きっと××の絵が出ているはずだ」という常套句がある。いちばん象徴的なものが挿絵で示されている辞書が本当に存在するならば、その辞書で

「しゃれた《クール》」を調べたら、きっとスティーブ・ジョブズの写真が載っているにちがいない。次から次へと、スティーブは世の中を変える製品をつくり続けている。アメリカだけでなく世界じゅうの、若い世代にかぎらずあらゆる年齢の人間が、ふと気づくと、スティーブの発した魅力的なオーラにいつのまにか包まれている。iMac、iPod、iPhone、そしていま、iPad。

しかし、最後に付け加えておきたい。「しゃれた製品をつくる」ことは、なにもスティーブ・ジョブズの特許ではない。ほかの企業も、ほかの製品責任者や設計者も、新世代の製品を生み出すことが可能なはずだ。かっこよくて、直感的で、機能にすぐれ、使って楽しく、利用者の要望にずばりと合っている――そんな製品を出して、人々の心をわしづかみにできてもおかしくない。

さあ、あなたはどうだろう？　スティーブでさえ注目するような出来栄えの製品を持っているだろうか？　あるいは、構想しているだろうか？

第五部　ジョブズ・ウェイの学びかた

14 スティーブに続け

はたしてあなたは、スティーブ・ジョブズを見習うことができるだろうか？　いままで本書で説明してきた心得を胸に刻んで、ビジネスのやりかたを改善し、自分がつくる製品をどこまでも改良していけるだろうか？

わたしの答えは「イエス」だ。げんにわたしは、身をもってなんども実証してきた。

一九八七年、わたしは、バージニア州ウィリアムズバーグで開かれる「フォーチュン１００ＣＥＯカンファレンス」に招かれ、従業員の起業家精神について講演することになった。聴衆は約百人。わたしの出番はエドワード・ケネディ上院議員のすぐあとだったので、かなり緊張した。おまけに、聴衆の中には実業界の大物たちがおおぜい混じっていた。

わたしからどんな話を聞いたところで、「まあ、アップルではそんな方法が有効かもしれないけれど、うちの会社では無理だな」と片付けてしまうこともできる。にもかかわらず、講演のあと一週間ほどして、ゼネラル・エレクトリックの人事副社長から連絡があった。従業員がもっと積極的に意見を出せるようにするため、あらたな方法を検討している最中なので、わたしの力を借りられないか、とのことだった。

わたしはニューヨークへ行って、検討チームと顔合わせをした。途中、ＣＥＯのジャック・ウェルチが、話をしに入ってきた。ウェルチはきわめて意志の強い実業家で、態度が荒っぽく、人の意見にあまり耳を貸さないという評判だ。しかし実際には、そんな印象は受けなかった。従業員みんなが、自分は会社の一部分であり、社が問題を抱えているならいっしょに解決していきたい、と感じられるような環境を整えたがっていた。意見を出しやすくすることで、業務を改善するためのアイデアを集め、実践していく方針だった。たんに投書箱を設置するといった程度ではなく、もっと魅力的かつ効果的な手段を模索していた。いいかえれば、従業員たちに、新興企業の「海賊」のような心意気を持たせたかったわけだ。

ボストンにあるコンサルティング会社の協力も仰ぎつつ、わたしたちは「ワークアウト」なる制度を編み出した。ひとまず、ニューヨーク州バッファローの工場で試してみることにした。この工場は、ゼネラル・エレクトリック社内でもとりわけ管理主義的すぎると評判が悪かったからだ。

ワークアウトは大成功を収めた。ジャック・ウェルチ本人が、こうコメントしている。「ワークアウトの目的は、大規模な組織にはびこりがちな、部署間などの垣根や、不合理な物事をなくし、従業員を気苦労から解放することにある。理屈に合わない事柄が、身近にいろいろあると思う。承認を何重にも取らなくてはいけない、業務が重複している、偉そうな態度の度が過ぎる、むだが多い、などだ」。そのうえで、「ワークアウトのおかげで、組織の上下が逆になった。つまり、部下が上司に何をすべきか指図するようになった。社内での人のふるまいかたが、決定的に変化した」

この経験を通じて、スティーブのいわば「iリーダーシップ」の原則は、あらゆる階層の人々に有効なのだと、あらためて感じた。大きな変革の成果を長期間にわたって植えつけることができる。

スティーブから学んださまざまな鉄則は、わたしの人生にとって本当に貴重なものになった。ゼネラル・エレクトリックの改革に取り組んだあと、ますますそう確信を深めた。しだいに、アップルのような職場環境の会社を自分でつくりたいという思いが強まってきた。何か素晴らしい製品のアイデアを中心にして、前進していきたい。問題点を解消したり、利用者の生産性を高めたりするアイデアを、スティーブのようにたえず探し続ける。そして、自分の製品が世界をよりよくするかどうかという視点に立って、将来の構想を練っていく。

そんなふうに考えているうち、わたしはUCLA医療センターのプロジェクトにかかわることになった。電子カルテと音声認識を実現するプロジェクトで、毎週、ロサンゼルスまで足を運んだ。ある日、ホテルに到着してから、ノートパソコンを機内に忘れてきたことに気づいた。そもそも、重いそのノートパソコンを持ち歩くのはもううんざりだった。

すると、ある人が、わたしの知らなかった小型機器を見せてくれた。データをいつでもどこへでも持ち歩けるUSBメモリだった。なんと素晴らしいアイデア！　その当時は、二百五十六メガバイトあれば、たいていの人が手持ちのファイルを全部入れておくことができた。ノートブックを持ち運ばなくても、フラッシュメモリドライブ一つで書類フォルダをまるごと携帯できる。

わたしはスティーブから、いつも自分にこう問いかけろと教わった。「この技術を使ったら、何ができるだろう?」。二日後、帰宅する道すがら、すてきな製品のアイデアが思い浮かんだ。デスクトップ環境をまるまるUSBメモリに入れてはどうか。コンピュータにそのメモリを差し込むと、書類ファイルだけでなく、ふだん使っているデスクトップの設定やソフトウェアが自動的に読み込まれる。そのメモリを別のコンピュータに挿入すると、こんどはそちらに自分の慣れ親しんだ環境が現れて、プログラムもファイルもすべて使用可能になる。しかし、メモリを引き抜けば、完全に挿入前の状態に戻って、コンピュータの本来の持ち主のファイルや操作にはなんの影響も出ない。

スティーブが製品に向ける異常なほどの熱意が、わたしのお手本だった。彼と同様、身のまわりにいる人々も情熱家ぞろいだ。ハンドスプリングのCEO、ダナ・ドゥビンスキーが、ソフトウェア開発者をひとり紹介してくれた。ブラウン大学出身の若くて優秀なプログラマーだ。彼はスクーターに乗ってふらりと現れたかと思うと、夜通し働き、その一方、何日間もまったく音沙汰なしだったりもした。けれども、「海賊」の扱いかたなら、スティーブに教わってある。この若者が、りっぱな製品を仕上げるだけの知識と腕前を備えている点は、まちがいなかった。海賊のいいところは、「じゃあ、実際に動く試作品をぜひ見せてくれ」と言い渡しさえすれば、脇目もふらずに作業し続け、なるべく早く試作品を完成させてくれることだ。

既存のUSBメモリは外見も使い勝手もひどかったので、わたしは、つくり直そうと決めた。友人に頼んで、わたしの希望どおりの形状に木を削ってもらい、それを見本代わりにして、メーカーに製造を依頼した。

製品のネーミングには悩んだ。「アップル」や「ソニー」は、シンプルかつユニークなうえ、ロゴにもしやすい名前だ。わたしもそんな名前を付けたかった。やがて、さほどしゃれてはいないし、専門的な響きがするものの、なかなかよさそうな名前として、「Migo」に落ち着いた。「me」と「go」が合わさった響きで、「go」は「持ち歩き」をイメージさせる。シンプルで記憶に残るネーミングに思えた。

例によって、解決すべき技術的な難題が山積みだった。どんなオペレーティングシステムのマシンでも動作し、ワードやエクセルの全バージョンと互換性を持っている必要があった。セキュリティも万全で、百パーセント信頼でき、誰でも簡単に使えなければいけない。

海賊にも腕利きの一等航海士がいないと困る。わたしは、広告の天才、ジェイ・シャイアットに会いに行った。前にも紹介したとおり、彼はシャイアット・デイの創設者のひとりだ。アップルのブランド確立に大きな貢献をした。さいわい、Ｍｉｇｏの広告にも手を貸してくれることになった。このあたりも、スティーブから学んだ原則に従っている。つまり、見つけられるかぎりで最高の――超一流の――人材を探し出し、どうにかして契約に持ち込む。過去に利用した人や物、世間で高く評価されている者などを忘れるな。

最終的にできあがった製品は、美しく、完璧なまでに直感的だった。画面上の指示に従うだけで、使いかたを把握できる。ユーザーマニュアルも付けたが、まず必要なかった。直感性の重視もまた、Ｍａｃの開発経験を通じて学びとった教訓だ。結局、この製品は、デザイン、ユーザーインタフェース、さらにはパッケージまでが称賛され、ＰＣワールド誌、ニューズウィーク誌、コンシューマー・エレクトロニクス・ショーなどで賞を受けた。おかげで、ほとんど経費をかけずにブランドを確立でき、宣伝もできた。

ウォールストリート・ジャーナル紙の業界アナリスト、ウォルター・モスバーグは、Ｍｉｇｏを「あなたの生活に役立つすぐれた小型製品」と高く評価した。この評価記事が幸いして、ある一日の午後のあいだだけで、株価が一・五〇ドルから六・五〇ドルまで跳ねあがった。ＰＣマガジン誌ではジョン・ドボラックが、ビジネスウィーク誌ではスティーブ・ワイルドストロムが、同じく好意的な評価記事を書いてくれた。

そのあと、さらに素晴らしいことが起こった。モスバーグがこんどはテレビでＭｉｇｏを絶賛したのだ。ＣＮＢＣの担当コーナーの中で、彼は、Ｍｉｇｏを指でつまんで示し、「小型の優秀な製品です」と言った。わたしは、ふたたびスティーブと一体になったような錯覚を味わった。アップルにいたころと同じ、熱い気持ちが湧き上がってきた。

このエピソードの結末は、あまりハッピーエンドではない。まず、経費節減のため、ケースと取り付けボードを安い業者に委託したところ、半数が不良品になってしまった。しかし、それよりもっとはるかに大きな問題が発生した。わたしがプロジェクトに取りかかった時点では、二百五十六メガバイトのフラッシュメモリは百五十ドルだった。ところがＭｉｇｏを発売するときには、なんと四倍の一ギガバイトでたった四十ドルにまで値下がりしていたのだ。ソフトウェアのぶんの上乗せはともかくとして、ここまでＵＳＢメモリが日用品になって、大量の種類が出回ってしまうと、なぜＭｉｇｏだけ割高なのか、消費者にじっくりと比較検討してもらうことは至難の業だった。

もう一つ、スティーブがアップルで犯したのと似た失敗をしてしまった。八章でも軽く触れたように、わたしは、証券会社リーマン・ブラザーズの推薦を鵜呑《うの》みにして、外部のベテラン経営チームを受け入れてしまった。ベテランなのは結構だったが、うちの製品に関してなんの熱意も持っていなかった。わたしは、ＩＢＭに逆戻りした気分になった。頭の切れる人々なのに、製品にまるきり密着していないため、何が大切かを見きわめられないのだった。株価しか興味がないらしかった。ここでわたしは、最後の教訓を得た。理解のない取締役会や投資家のせいで行き詰まったら、おそらく、あきらめて退散するにかぎる。わたしはＭｉｇｏの会社を辞めて、また次の画期的な製品をめざし、新しい企業を設立した。

Ｍｉｇｏの開発経験から、さらにもう一点、スティーブの姿勢の正しさを思い知った。彼はいつも、「技術的な問題点なら、きっと解決できる」と信じていた。だからこそ、エンジニアたちが「いろいろな機能をあやつるには、ボタン一個じゃぜったい無理です」といくら抗議しても、けっして自説を曲げず、強硬につっぱねて、結局はボタン一個の携帯電話を実現した。

Ｍｉｇｏも、大いなる製品を求めてやまない大いなる情熱から生まれた。その情熱がわたしの胸に宿ったのは、スティーブのおかげだ。

ほかにもいくつか、スティーブの貫く原則がＭｉｇｏに役立ったので、列挙しておこう。

- 取り組む以上、どのプロジェクトにも情熱をそそげ。
- チャンスに気づいたら、それを原動力にして、そのチャンスを活かす製品をつくれ。
- 役に立つ人材をいつでも受け入れられる態勢をとれ。
- 直感的な製品に仕上がるように最善を尽くし、ユーザーマニュアルが必要なくなるぐらいにせよ。

・自分の製品については、心から正直に向き合え。
・製品が、一個人としての自分や、自分の特徴をあらわすように心がけよ。
・部下たちの働きぶりに気を配り、何か一つ成し遂げるたびに担当チームを祝福せよ。
・いま実現可能なレベルを超えて、完璧な未来の姿を思い浮かべ、その理想に一歩一歩近づくように、新しいアイデアを積み重ねよ。
・「それはできない」と言い張る人間に耳を貸すな。

本書を執筆している現在、わたしは新しいベンチャー企業の設立に向けて、資本を調達し終えたところだ。社名は「ヌーベル」。この新会社で開発の主軸にすえる製品は、交換局と一般世帯を結ぶ通信手段を改良し、インターネット接続を劇的にスピードアップするというものだ。ネット機能のほかにも、さまざまなコンピュータ機器やモバイル機器の使い勝手が向上する。IPネットワークを通じた処理トラフィックのなんとすべてが、最大二百倍も速くなる。

専門用語を使わずに易しく説明すると、このヌーベルの製品は、データを瞬時に圧縮し、独自の「電子トンネル」を使って高速で移動させるのだ。処理速度、信頼性、セキュリティがどれも大幅に改善される。

基盤ができあがったあと、わたしは、対応アプリをダウンロードできるストアを追加した。iPhoneやiPadなどのモバイル機器でも、ヌーベルの高速化技術を活用できるようにするためだ。これも、スティーブの教えにのっとっている。構想をたえず見直して、「利用者をもっと喜ばせられないか？」と自分に課題を与え続けた成果といえる。

主たる開発作業においても、当然、スティーブのやりかたをふたたび真似た。なにより重要なことに、組織内の全員、そして取引先の全員が、わたしは「製品開発の皇帝《プロダクト・ツアー》」なのだと承知している。本体、ユーザーインタフェース、そのほか製品に関するあらゆる点について、最終決定はわたしを通じておこなう。

開発チームのメンバーはひとり残らず、製品にとってユーザーインタフェースがきわめて大切な意味を持つ、と肝に銘じている。もしかすると、部下たちはわたしが強調する重要点について「スティーブ・ジョブズの言うこととそっくり」と思っているかもしれないが、だとしても、いっこうにかまわない。できるかぎりシンプルなユーザーインタフェースが、ぜったいに必要なのだ。当然ながら、製品が輝くかどうかはインタフェースにかかっていて、使いやすいインタフェースの実現に全力をそそがなければならない。

すぐれた広告の威力も、やはりスティーブが教えてくれた。とくに、資金がそれほど潤沢でない場合、広告の質を重視すべきだろう。素晴らしい宣伝があれば、とてもいいかたちで市場へ第一歩を踏み出せる。

ヌーベルのソフトウェア開発陣は、Ｍｉｇｏのときと同じ顔ぶれだ。みんな、「海賊」であるうえに、偉大な芸術家でもある。しかも、わたしの製品に何が必要か、最高レベルのソフトウェアはどうあるべきかを理解している。熱意も半端ではない。わたしが月曜の朝までに修正を要しているときは、なんなら週末をすべてつぶしてでも働いてくれる。

スティーブの代弁者

スティーブがここまで成功した理由を本当に解き明かせる人間は、彼とごく近しい立場で仕事をともにしてきた者だけだろう。そういう恵まれた者のみが、彼を支えてきた信念やアイデアについて、世の中に正しく伝えることができる。だからわたしは、いままでの章でできるかぎりの解明を試みてきたつもりだ。

もしスティーブの神髄をありのままに描き出せる人物がほかにいるとしたら、わたしの意見では、あとただひとり、アップルのCOO（最高執行責任者）ティム・クックだ。二〇〇九年、スティーブの長期休養にともない、代行をまかせられたティムは、以下のようなコメントを出した。スティーブがつちかってきた、いわば「ジョブズ・ウェイ」を、独特の表現で力強く示しているように感じられる。この姿勢こそが、アップルを偉大な企業に育てあげた。必ずや、誰もが見習って実践できるにちがいないと思う。

われわれアップルは、たえず革新に力を入れています。複雑さではなく、シンプルさこそ素晴らしいと信じています。また、製品を陰で支える独自技術をしっかりと握り、コントロールする必要があると考え、わたしたちが大いに貢献できる市場にのみ参入します。たくさんのプロジェクトに手を広げたりはしません。わたしたちにとって本当に大切で意義のある、少数のプロジェクトに集中したいからです。社内のチーム同士で深く協力し合い、触発し合って、他社にはできないかたちで画期的なものを生み出していきたいと思うのです。

率直なところ、社内のどのグループに関しても、優秀とみなすべきレベルに達しないかぎり、けっして妥協は許しません。わたしたちが間違っていたときには、みずから認める率直さと、方針を改めていく勇気を示します。

では、わたしから最後の質問を投げかけたい。あなた自身はどうか？　あなたの製品やサービスや仕事は、あなたをどんなふうに表現しているのか？　その表現をあなたはどう推し進めているのか？

あなたがやること、つくるものが、あなた個人の本質にぴったりと合っていればいるほど、あなたは真剣になり、いくら苦労をしてでもそれぞれの製品にふさわしい完璧さを追い求めたくなる。利用者があなたの製品やサービスを長く記憶にとどめ、愛してくれるように、いっそうの心血をそそぎたくなるはずだ。

製品に対して抱いている愛情の強さをはかるには、あなた自身がその製品の熱心な利用者であるかどうかを考えるのがなによりだ。正直にこたえる必要がある。もしあなた自身が愛着を感じていないなら、ほかの人々に製品の素晴らしさを説けるだろうか？　その製品が役に立ち、満足感と喜びをもたらすなどと、他人に向かって力説できるわけがない。

ビジネスというものは、それをひきいているリーダーを映し出す鏡だと思う。おとなの嘘を子供がすかさず見破ってしまうように、あなたも、顧客をあざむき通すことはけっしてできない。本物の情熱を燃やしながら、製品をつくり、宣伝し、広め、販売していく必要がある。そのためには、自分が心から真剣に取り組める会社に、業界に入らなければいけない。

もし情熱がなければ、スティーブといえども、いまの成功を収めることはできなかっただろう。熱意を持ち、優秀さにこだわり、ブランドを巧みに確立し、失敗を糧にする勇気があったからこそ、現在のスティーブがある。

スティーブ・ジョブズを見習って歩もうとつねに努力することが、わたしたちあらゆる人間にとって最善の道なのだ。

スティーブへの手紙

親愛なるスティーブへ

この本でわたしは、「真のスティーブ・ジョブズ」を描き出そうとした。ジャーナリストやMac関係者ら、本当のきみを知らない人々がいままで書いた、半面の真実しかとらえていない書籍とは、違うものにしたかった。日本への出張が終わりに近づいたころ、ソニーだったかキヤノンだったか、幹部たちの夕食接待にまた付き合わされる予定だった晩のことを、いまもよく覚えている。わたしは「また寿司を食べるのは、さすがにごめんだ」とことわった。きみが出かけていったあと、わたしはホテルの案内で、すてきな天ぷら屋に腰を落ち着けた。三十分ほど経ったとき、きみが店へ入ってきて、わたしのテーブルに加わり、「僕ももう、堅苦しい夕食はこりごりだよ」と言った。あの夜の思い出は忘れられない。いろんな話をした。政治や、世界の未来から、人間、人生、仕事、愛まで……。きみは静かにリラックスして、ありのままの姿をさらしていた。ああいうひととき、わたしは、本当のスティーブを見たと感じたものだ。

一九八五年にもしきみが追い出されなかったら、アップルはその後どうなっていただろうか。

いつも、そう想像せずにはいられない。「だからわたしは反対したじゃないか」といまさら蒸し返すのはみっともないけれど、わたしには、スティーブのいないアップルの将来が見えていた。以前、きみに言ったとおり、きみこそがゲームそのもので、あとの人々は、きみが脇に並べたプレーヤーだった。きみは、アップルを栄光へ導いて、時価総額で世界第二位の企業にまで育てあげた。もっとも、企業を支えているのは時価総額ではなく、従業員と製品なのだが。

明らかに、きみは過去の経験を教訓にして、企業組織にあらたな基準をもたらすことができた。新時代の企業は、製品を中心にまとまって、日々、新進会社のような気持ちで運営していかなければいけないと、わたしは強く信じている。だから、新生アップルが、業務運営のあらたなお手本だ。リーダーシップのあらゆる原則は、アップルによって示されている。復帰して以来、きみが示し続けてきた。しかも、生まれ変わったアップルを、新進会社のような状態に保ち続けている。非常に難しいにもかかわらず、やりとげている。

しょっちゅう思うのだが、これから先、もしきみがアップルからいなくなったら、どうなるのだろう？　たとえば、きみがときどき冗談で言うように、バスに轢《ひ》かれたりしたら……？　わたしはふだん、人にこう話している。スティーブ・ジョブズの跡を継げるような、「一般消費者向け製品を軸にした企業経営ができる、カリスマ性と将来構想にあふれたリーダー一名」はこの世に存在しない。けれども、「スティーブ・ジョブズの遺産を引き継いでいける三人組」なら可能だろう、と。いつの日か、アップルは新しいＣＥＯを迎えることになる。ただ、その人物は、きみの役割の一部分しか果たせないはずだ。ジョナサン・アイブ――iMac、iPod、iPhone、iPadのデザインを手がけて、製品に命を吹き込んだ、あの控えめなイギリス人――が、引き続き、世間の誰もが買って使いたくなるような製品デザインを生み出す。フィル・シラーが、引き続いて、製品のコンセプトを構想し、未来技術への道筋を描く。また、有能な数人の候補者のうちひとりが、さえないチームに活を入れる役を引き継いで、未来像を具体的なソフトウェア、ハードウェア部品などのかたちにして、コンセプトを現実に花開かせる。その候補者の筆頭は、まちがいなく、COOのティム・クックだ。きみが療養休暇を取っていたあいだ、彼はげんに、ばらばらの断片をすべてまとめて、うまい具合に統率してみせた。

以前、製品をつくるのがいかにたいへんかを、きみと語り合ったことがある。けれども、本当に効率的な組織をつくり、維持していくのは、もっと難しい。組織を維持しつつ、製品をつくるほうもやるとなったら、困難をきわめるだろう。きみが生み出した、起業家精神あふれる新しい種類の組織は、将来の企業社会のお手本になるにちがいない。

もちろん、きみがこれからも長い年月、アップルのリーダーでいてくれるように、わたしたちはみんな願っている。そこで一つ、わたしから難しい課題を提示したい。知ってのとおり、わたしはたんなる顧客のひとりで、もうアップルとじかに関係していないから、これはあくまで外野からの助言だ。

画面表示をあやつることにかけては、きみの右に出る者はいない。驚くほど豊かな情報表示機能を手のひらサイズに収め、しかも誰もが使いこなせるようにした。現代社会には画面表示があふれている。右を見ても左を見ても、ディスプレイだらけだ。そこで、大量の情報を操作しやすくしてくれたきみに、たっての願いごとがある。もう開発中だとなおうれしいが、iPhoneやiPadのような携帯機器を使って、わたしたちの健康状態を管理できるようにしてもらえないだろうか。たとえば、体調が急に変化したら、かかりつけの医者や救急隊員などに、警報を送ってくれる、というふうに。きみがつくる今後の製品では、利用者が情報にアクセスするだけでなく、画面を介して、機器のほうもこちらの情報を読みとってほしいのだ。体温、血圧、血球数を測定してくれたり、できれば、大気の汚れ具合や飲み水の状態を探知してくれたりするとありがたい。

もしそういった機能が実現したら、誰もが個人的に重宝するだろう。そればかりか、国家にとっても、おそろしく大きなメリットがある。現状では、アメリカの国内経済のうち三十五パーセント以上が健康医療に費やされているからだ。

なにしろきみは、いろんな事柄において、わたしたち一般の人間のはるか先を行っている。以上のようなアイデアも、とっくに検討中かもしれない。だが、もしまだ開発に取りかかっていないなら、やりがいのあるあらたな目標として掲げてみてほしい。

敬具

ジェイ・エリオット

きみたちは、何かを信じなければいけない。自分の勇気、運命、人生、カルマ……何でもいい。点と点がいつかつながるにちがいないと強く思えば、自信を持っておのれの心のままに進んでいける。たとえ、ほかの人たちの道から逸《そ》れていっても、歩み続けることができ、やがて大きな違いを生みだせるだろう。

――スティーブ・ジョブズ
スタンフォード大学、二〇〇五年卒業式のスピーチより

訳者あとがき

自分が生きた時代は、五十年後、百年後の世界史の教科書に、いったいどう描かれるのだろう？　――わたしはときどき、そんなことを空想します。

現時点でその答えを出すとしたら、「二十世紀末から二十一世紀初めは、パーソナルコンピュータなどのデジタル機器やインターネットが急速に普及した時期である」と紹介される可能性が高いように思います。そして、解説文の中には、この時代の最重要人物の名前が太字で記されるでしょう。「スティーブ・ジョブズ」と。

本書の主人公、スティーブ・ジョブズは、いまやハイテク業界の枠にとどまらず、産業界全体にまで大きな影響を与える存在になりました。Ｍａｃｉｎｔｏｓｈ、ｉＰｏｄ、ｉＰｈｏｎｅ、ｉＰａｄと、革命的な製品を次々に生み出して、世界じゅうの人々の暮らしを何度となく塗り替えています。

ただそれだけに、ジョブズの半生や経営手法をテーマにした書籍、いわゆる「ジョブズ本」は、もうたくさんあって、選ぶのに迷うほどでしょう。

そんななか、本書『ジョブズ・ウェイ』をあらたに読む価値はあるのかと問われれば——「おおいにある」とわたしは断言できます。訳者の立場というよりも、出版される「ジョブズ本」に欠かさず目を通している長年のアップル製品ユーザーという立場から、自信を持ってそう言えます。本書は、いままでにないユニークな視点から書かれているからです。

著者ジェイ・エリオットは、Ｍａｃｉｎｔｏｓｈの開発初期にジョブズにスカウトされて、以後、ジョブズがいったんアップルから追放されるまで、非常に親密な側近として働いていました。少なくともある時期、ジョブズの最大の理解者だったのではないか、と思えるほどです。本書の冒頭にあるドラマチックな出会いのくだりを読むと、ふたりはよほどうまが合ったとしか考えられません。

おかげで、既存の「ジョブズ本」と違い、著者はかつてなく近い位置からジョブズを観察しています。たとえば、「会議中にふとスティーブを見やると、顔の前に片手をかざして、手の構造や機能にすっかり魅入られていた」というような記述が出てきます。なるほど、ジョブズの成功を支えてきた製品の斬新さは、いつも手や指に深く関わっています。Ｍａｃのマウス、ｉＰｏｄのクリックホイール、ｉＰｈｏｎｅのフリック操作……。大きな出来事を中心に追っていく従来の「ジョブズ本」では表面に浮かんでこない、ジョブズの素顔の描写が、読者を興味深い考察へ導いてくれます。

もう一つ特徴的なのは、著者ジェイ・エリオットが、エンジニアではない点です。プログラマーとしての素養も持っていますが、アップルではおもに人事の最高責任者として活躍しました。だから、製品の開発をめぐってジョブズと正面衝突しないのです。

いままで、ジョブズの描かれかたは、「遠目からみると、リーダーとして素晴らしい業績を挙げているけれど、直接、彼の下で働くエンジニアたちにしてみれば、無理難題を押しつけられて苦労の連続」と、二面性が基調になっていたきらいがあります。

ところが著者は、直接、ジョブズの下で働きつつも、エンジニアではありません。ジョブズの高い要求と、エンジニア陣の反応を、とても近いところから客観的に眺められるわけです。そういう視点に立って、ジョブズがいかにして不可能を可能にしてきたかを、具体的な根拠とともに、わたしたちに強く訴えかけてきます。

「エンジニアの連中に嫌われてるのはわかってる。だけど将来、いまこの時期が人生最高のひとときだったと振り返ってくれるはず」と、初代Ｍａｃの開発中のジョブズが著者にこっそり打ち明けるシーンなどは、本書ならではの深みと温かみに満ちていると思います。

さて、そんなふうに近しい立場にあった著者が、本書を通じていちばん描きたかったものは、スティーブの何なのか――すでにお読みになったかたは、もうじゅうぶんおわかりでしょう。

つまるところは「途方もない情熱」。さらに言うなら、「スティ、、、ーブ・、、、ジョブ、、、ズと、、、いう生、、、きかた」

です。

そのあたりをわかりやすく、著者はこんな問いに込めています。「みなさんは、宝くじが当たったらどうするか」

「宝くじでも当たれば、あくせく働かないで、のんびり暮らせるのになぁ」とくだらない考えを持つ（わたしのような）凡人と、スティーブ・ジョブズとの雲泥の差を、これほど端的かつ明確に突きつけてくる記述があったでしょうか。

ジョブズは、二十代にして、アップルの株式公開で二億ドルあまりを手中にしました。ピクサーの株式公開では十二億ドル（一千億円以上！）を得たともいわれます。その一方、近年は、癌の手術・治療、臓器の移植手術を経験し、どう見ても体調は万全ではありません。ビル・ゲイツをはじめ、彼と切磋琢磨した同志たちは、かなりの数が第一線を退きました。

にもかかわらず、ジョブズは、若いころとまったく変わらない、いやそれ以上の熱意を燃やし続け、製品開発にはぜったいに妥協せず、細部の細部までこだわり抜いて、しかも、一九九七年の復帰後は年俸を一ドル（二〇〇七年以降は株式報酬も拒否して、年間総収入一ドル）しか受けとらず、優秀な部下たちを叱咤激励し、名だたる企業の幹部たちを説得して回り、大きな製品発表となれば、みずから壇上に立って完璧なプレゼンテーションをこなす……。

ごく最近は、本格的なクラウドサービス「ｉＣｌｏｕｄ」の開始に向けて準備作業に目を光らせつつ、ＭａｃＯＳとｉＯＳの統合という、ひどく難しい課題にも取り組んでいます。

「稀代のカリスマ」「究極の予見者《ビジョナリー》」「プレゼンの天才」「人を動かす神」など、ジョブズはさまざまな呼び名で形容されてきましたが、本書を読んでから考えると、どの表現も甘すぎる気さえします。

この本を読み終えたあとは、ぜひ、スタンフォード大学の卒業式でジョブズがおこなった有名なスピーチを、ＹｏｕＴｕｂｅその他でもういちどご覧になってみてください。

アップルをいったん追放されたのち、デイビッド・パッカードとボブ・ノイスに会って「偉大な先人たちから渡されたバトンを落としてしまった」と謝ろうとしたと打ち明け、さらに、「他人の人生を生きて時間を無駄にしてはいけない」「たまらなく好きなことを見つけなきゃいけない」「信じることをやめちゃいけない」と学生たちに切々と訴える……。

そんなジョブズの姿をあらためて見たとき、おそらく、本書を読む前とは次元の違う何かが心に突き刺さってくるにちがいありません。と同時に、本書の著者ジェイ・エリオットの意図が、しみじみと胸に広がってくるでしょう。

二〇一一年七月

中山　宥

◎著者紹介

ジェイ・エリオット

ソフトウェア会社ヌーベルの創設者でありCEO。それ以前は、ミーゴ・ソフトウェアを設立している。大学卒業後、プログラマーとしてIBMに入社。航空会社の予約システムの開発にたずさわったのち、ハードディスクドライブ事業部で主要なプロジェクトを監督した。その後、インテルへ移籍し、カリフォルニアの業務運営責任者をまかされ、アンディ・グローブCEOおよびゴードン・ムーア会長の直属となる。

アップル時代は上級副社長として、人事、施設、教育などを担当するとともに、スティーブ・ジョブズの直属の部下として経営計画に参与。初代Macの開発から発表にいたるまで、ジョブズの補佐役を果たした。

ウィリアム・L・サイモン

ニューヨークタイムズ紙ベストセラーリストに二冊をランクインさせたノンフィクションライター。うち一冊は、伝記本『スティーブ・ジョブズ―偶像復活』（東洋経済新報社）である。そのほかの代表作は、「世界で最も悪名高いハッカー」と呼ばれるケビン・ミトニックとの共著『欺術――史上最強のハッカーが明かす禁断の技法』（ソフトバンク クリエイティブ）など。書籍や映画にまつわる数々の賞を受賞している。

◎訳者紹介

中山 宥（なかやま ゆう）

一九六四年東京生まれ。ノンフィクションやビジネス書を中心に翻訳を手がける。主な訳書として、『アップル 薄氷の500日』（ソフトバンク クリエイティブ）、『マネー・ボール』（武田ランダムハウスジャパン）、『究極のセールスマシン』（海と月社）、『バイラル・ループ』（講談社）などがある。

ジョブズ・ウェイ

世界《せかい》を変《か》えるリーダーシップ

2011年8月10日 初版発行

著　者：ジェイ・エリオット、ウィリアム・L・サイモン

訳　者：中山《なかやま》 宥《ゆう》

発行者：新田光敏

発行所：ソフトバンク クリエイティブ株式会社
〒106-0032　東京都港区六本木2-4-5
営業　03-5549-1201
編集　03-5549-1234

装　丁：bookwall

組　版：クニメディア株式会社

印　刷：中央精版印刷株式会社

ISBN 978-4-7973-6228-2